上柿崇英・尾関周二▶編

環境哲学と人間学の架橋

現代社会における人間の解明

穴見愼一
上柿崇英
東方沙由理
大倉　茂
尾関周二
関　陽子
福井朗子
布施　元
吉田健彦

世織書房

まえがき〈環境哲学と人間学の架橋を求めて〉

現代社会が「環境の危機」に直面しており、われわれがその危機の克服を必要としているということは、すでに社会的にも周知のものとなっている。とりわけ注目されているのは気候変動に伴う自然災害であり、環境汚染、資源枯渇、エネルギー、生物多様性といった諸問題は、近年この文脈で語られることが多い。かつてＩＰＣＣ（気候変動に関する政府間パネル）は二〇〇七年の『第四次評価報告』の中で、ここ五〇年間の世界平均気温の上昇速度は過去一〇〇年のほぼ二倍となっており、このままでは生物多様性へのリスクに加え、大規模な洪水、干ばつ、熱波といった人間社会への直接的なリスクが深刻化すると指摘したが、こうした気候変動や自然災害については、すでにわれわれの実感としても現実味を帯びたものになりつつある。

しかし現代社会が直面する〝危機〟という場合、それは同時にわれわれ人間自身の中にもある。「環境の危機」をもたらしたのは人間であるが、われわれが生きる現代社会においては人間存在もまた、前述の自然災害とは別の文脈で、ある種の〝危機〟に直面している。例えば年間三万人の自殺者だけでなく、多くの「引きこもり」や「うつ病」など、とりわけ近年、現代人が対人関係に抱えるトラブルが盛んに問題とされている。こうした社会病理は、かつてより人間疎外、孤立、倫理融解、アノミーとして議論されてきたものの延長線上にありながら、経済のグローバル化や高度情報化社会の出現といった社会状況を受け、これまでには見られなかった新たな段階へと移行しつつあるようにも見える。

ここで仮に後者を「人間の危機」と呼ぶのであれば、この「環境の危機」と「人間の危機」は、現代という時代が映し出す、まさに〝コインの両面〟であると言ってよい。両者は同じ現代社会の具象として現前しており、その意味において両者には根源的な連関性が潜在しているように思われる。ここからわれわれは自らが生きる時代について、また現代社会とそこに生きる人間というものについて、いかなる形で理解し、記述していくことができるのだろうか。このことを「哲学・思想」(1)のアプローチに基づいて論考していくことが本書の目的である。

本書の導きの糸となるのは、タイトルにもなっている「環境哲学と人間学の架橋」である。環境哲学(environmental philosophy)は、環境問題が地球環境危機にまで登り詰めたのを契機として、主にそれに関連するさまざまな論点を哲学的に考察する――わが国では九〇年代に海外から環境倫理学やエコロジー思想を導入する形で形成された――比較的新しい学問領域である。他方人間学は、特に哲学的人間学(philosophical anthropology)という場合、提唱者はカントの意を受けた二〇世紀初頭のM・シェーラーとして知られているが、「人間存在の本質とは何か」を問うことそのものを人間学とするならば、その起源は古代、あるいは先史時代にまで遡るとも言える。

われわれの問題意識からすれば、環境哲学は「環境の危機」を哲学的に論じていく上で不可欠であり、人間学は「人間の危機」を哲学的に論じていく上でやはり不可欠である。確かに両者は力点の置き方に違いがあり、その接点は必ずしも明確ではない。しかし注意深く見てみると、両者にはともに近現代の問題性に関わるという仕方で、もともと互いに重なり合う部分が含まれていたことが理解できる。例えば「環境の危機」を問うということは、同時にわれわれが〝持続可能な社会〟というオルタナティブなあり方を構想していくということでもある。そこでそれを真に人間的に〝豊かな〟社会とするためには、われわれ自身に人間に対する深い理解がなくてはならないはずである。また例えば人間学においても、「環境の危機」という事態は、およそ人間の本質をめぐるこれまでの理解の枠組みを修正せねばならないほどの大きな意味を持っていた。ここにあるのは、突き詰めれば人間存在にとっての〝環境〟とは何かという、きわめて本質的な問いである。いまやわれわれは「人間の危機」を問題にするにあたっても、「環境論的転回」(詳しくは第1章)を踏まえた新しい人間への理解に基づき、それを新たに捉え直していく必要がある。こうした視点を掘り下げ、環境哲学と人間学の視点を明示的に統合しようと試みるというところに、本書の意義があるだろう。

本書で執筆者として参加しているのは「環境思想・教育研究会」のメンバーであると同時に、本書は二〇一二年に出版された『環境哲学のラディカリズム――3・11をうけとめ脱近代化へ向けて』(尾関周二・武田一博編、学文社)の続編としての意味合いも含まれている。まず「環境思想・教育研究会」は、〝環境〟に関わるさまざまな問題を、例えば環境教育といった実践面も考慮しつつ、哲学・思想的に研究していく学術拠点として二〇〇六年に発足した(2)。当初の問題意識の中でも特に重要だったのは、そこで環境倫理学には還元できない〝広義〟の環境思想研究に関する議論をいかに進めて行くのかということであった。詳しくは第2章において言及することになるが、わが国では〝環境〟を「哲学・思想」的に研究する場合、それをもっぱら環境倫理学として語ってきたことによって問題意識を狭めてきたという経緯があり、まずはより包括的な〝環境哲学〟――本書では環境哲学を、環境倫理学を包含しつつ、主としてそれよりも一段階抽象的な理論的枠組みを扱うものとして理解している――を一つの個別学術領域として整備していくことそのものに重要な意味があったのである。

『環境哲学のラディカリズム』は、「環境思想・教育研究会」の発足以降、この研究グループが蓄積してきたこれまでの議論の成果でもあった。今日改めて見てみると、同書の主眼は「環境哲学と社会哲学の架橋」であったと理解することも可能である。まず環境哲学における最初の課題は、エコロジー思想を倫理学説としてではなく、一つの環境哲学として理解し、十分な総括を行っていくことであった。そこで指摘される要点は、エコロジー思想は確かに世界像や倫理、あるいは存在論――A・ネスのディープ・エコロジーに代表される――といった形で、一つの体系的な環境哲学を切り開いたものの、そこには現代社会を特徴づける〝社会構造〟を深く掘り下げていくための哲学的道具立てがほとんど欠落していた、という批判である。環境思想史から言えば、この問題を最初に指摘したのはM・ブクチンのソーシャル・エコロジーやD・ペッパーのエコ・ソーシャリズムを含む「社会的なエコロジー思想」であったが、ここではこうした思想的潮流をも交えつつ、これまでの環境哲学に〝社会哲学〟の概念と方法論を導入することによって、新たな議論の展開を試みるということがめざされた。

この試みの中でも、特に重要な概念は〈脱近代〉であろう。その含意を端的に述べれば、われわれの生きる社会の基本構造は、およそ数百年前のヨーロッパに端を発する〈近代〉という特異な文明の枠組みによって成立しており、〝持続可能な社会への移行〟とは、実のところこの〈近代〉という文明の枠組みからの転換であると考えるということである。『環境哲学のラディカリズム』において展開されたのは、その意味において「〈脱近代〉の環境哲学」であった。

以上の経緯を踏まえるならば、本書の「環境哲学と人間学の架橋」は、「環境哲学と社会哲学の架橋」に続く、同研究グループによる〝第二フェーズ〟の研究成果であるとも言える。前述のように、われわれが生きる現代社会は「環境の危機」と「人間の危機」という二つの顔を持っており、それは「〈脱近代〉の環境哲学」の視座に立てば、〈近代〉という基本構造をより高度に煮詰めていった結果現れた、現代的な社会病理の二面性として描き出すことができる。また〝第二フェーズ〟の研究成果に関連するものとして、人文・社会科学的意味での〝人間〟と、生物・自然科学的な意味での〝ヒト〟を統合することをめざした「総合人間学会」の成果にも言及しておく必要があるだろう(3)。

＊

さて、ここでは本書の構成についても簡単にふれておきたい。本書では、この「環境の危機」と「人間の危機」をめぐって、さまざまな角度から、またさまざまな枠組みを用いて議論が展開されることとなる。そのため最初に【総論】という形で、本書全体に通底する〝環境哲学〟と〝人間学〟それぞれの基本的な視点を提示し、またその中で「架橋」に向けた手掛りについて取り上げた。〝環境哲学〟についてはまえがきで最低限の説明がなされたとし、順番としては【第1章】「人間学とは何か——人間学から環境哲学への架橋」(尾関周二)、続いて【第2章】「環境哲学とは何か——環境哲学から人間学への架橋」（上柿崇英）という形を取った。

その際特に【第1章】では、人間の由来にはじまり、哲学における「人間への問いかけ」の系譜をたどり、三つの「分裂」を含む近代的人間観、及び現代における人間観の「コミュニケーション論的転回」と「環境論的転回」について確認することを通じて、最終的にいかなる形で「脱近代の人間学」が構想できるかについて考察する。

【第2章】では、北米の環境倫理学研究から出発したわが国の環境思想研究の経緯からはじめ、環境哲学の枠組みを環境倫理学、エコロジー思想との関係の中でどのように位置づけるのかについて考察する。そしてその上で新たな環境哲学を構想する上で手掛りとなる、「人間、自然、社会の三項関係」、及び「生活世界」を構成する「生の三契機」について取り上げる。

また本書では「架橋」を意識するために、各論全体を大きく二部構成に編纂した。【第Ⅰ部】「人間学から環境哲学への架橋」では、前章の環境哲学の内容を受けて、改めて人間学的な話題に重点を置いた架橋の試みについて取り上げている。

まず【第3章】「『真の環境ラディカリズム』と〈自然《ナチュラル》さ〉の視点――小原秀雄の〈自己家畜化〉論を手懸りに」（穴見愼一）では、これまでの主流のエコロジー思想とそれに対する批判を再検討し、真にラディカルなエコロジー思想には自然的存在である人間の局面と、社会文化的存在である人間の局面を統合する人間理解の枠組みが不可欠であることを指摘する。特に小原秀雄の〈自己家畜化〉論に見られる〈自然《ナチュラル》さ〉の視点を手掛りに、「ソーシャル・エコロジー」とは異なる形で「ディープ・エコロジー」の弱点を克服する道について考察する。

【第4章】「環境危機を踏まえた人間の現代的なあり方――『ケアの倫理』批判から考える」（大倉茂）では、南方熊楠やアリストテレスの議論を踏まえた上で、人間と自然を手段化している現代社会の「不気味な存在」について取り上げ、そうした「不気味な存在」を縮減させていくために必要な人間観として、「ケアの倫理」を批判的に検討しながら、人間存在の共同性、生命性、意識性の相互連関について考察する。

【第5章】「環境化する情報技術とビット化する人間――現代情報社会における人間存在を問い直す」（吉田健彦）では、人間存在を規定する〝環境〟の中でも近年急激に進行する情報技術の「環境化」に目を向け、「ビット化」する中で「生のリアリティ」が失われ、それでも情報技術に内在している根源的な「不死への欲望」や「支配の欲望」ゆえに引き返すことが困難な現代人の生のあり方と、そこに残されている希望について考察する。

【第6章】「現代における根こぎとアイデンティティの問題」（浦田〈東方〉沙由理）では、根こぎという問題をアイデンティティという観点から論じることで、現代社会に生きる私たちがアイデンティティという問題を抱えざるをえないということ、しかし総合的自我感覚としてのアイデンティティを培っていくことが現状を打開する契機になること、そこでは人間の尊厳とは何かという哲学的問いが浮かび上がってくることを指摘する。

続いて【第Ⅱ部】「環境哲学から人間学への架橋」では、環境哲学的な話題に重点を置いた架橋の試みについて取り上げている。

【第7章】「環境哲学における『持続不可能性』の概念と『人間存在の持続不可能性』」（上柿崇英）で

は、〝持続可能性（サスティナビリティ）〟を定義する一つの方法として、現代社会の「持続不可能性」に目を向け、現代社会が直面する〝三つの持続不可能性〟について取り上げる。中でも現代人が直面している社会的かつ存在論的な危機をここでは「人間存在の持続不可能性」という形で捉え、環境哲学としていかに論じることができるのかを試みる。

【第8章】「環境哲学・倫理学からみる『鳥獣被害対策』の人間学的意義——〈いのち〉を活かしあう社会のために」（関陽子）では、鳥獣被害問題を「疎外」問題として哲学的テーマとして掘り起し、「生存」「生活」「よき生」という三つの〈生〉の位相からなる〈いのち〉を捉えるための枠組みを設定することから出発し、鳥獣被害対策とは実はわれわれ自身が〈いのち〉を自己のものとして取り戻す試みでもあることについて考える。

【第9章】「環境哲学と『場』の思想」（福井朗子）では、日本の思想家として知られる西田幾多郎や江渡狄嶺の思想を「場」の思想という角度から捉え、特にそれをE・レルフの言う近代的世界観のもとでの「没場所性」の概念を手掛りとしながら、コントロールの利かない科学技術との関連の中で、直接に経験され生きられた世界としての「場所」の意義について考察する。

【第10章】「人間にとっての共生を考える——〈共〉の視座からのアプローチ」（布施元）では、環境の危機と人間の危機を〝人間—自然関係の危機〟と〝人間—人間関係の危機〟、さらに〝人間にとっての共生の危機〟として把握する。また、それらの危機の回避へ向けて、〈公〉〈共〉〈私〉という思考枠組みを用いながら、〈公〉（行政システム）と〈私〉（市場システム）から自立するとともに共生を志向する〈共〉の領域の可能性に着目する。そして、〈共〉を構成する共同体と公共圏の相互補完性の文脈から、現代における共生のあり方を考察する。

以上の各論においては、それぞれの問題設定に基づいて異なる枠組みが用いられているため、議論の詳細部分においては、論者によって異なる解釈や、時に対立する内容が含まれているかもしれない。しかしすべての議論に共通するのは、冒頭で述べた「環境の危機」と「人間の危機」という二つの危機を見据えた上で、それぞれの形で「環境哲学と人間学の架橋」を試み、現代社会における人間の解明を行っていくことである。

われわれが時代の転換点に立っているという言明は、確かにこれまでも数多く存在してきた。しかしかつてより意識されてきたはずの〝転換〟は、結局のところ未だに果たされてはいない。われわれは今ここで、「人間の本質とは何か」という根源的な問いにまで遡る必要があるだろう。〝持続可能な社会〟の構想は、然るべき人間学の探求とともに成されなければならないのである。

●注

1　ここでは多様な学問分野に関わる読者がいることを想定し、哲学研究を一つの方法論として説明する。あらゆる研究手法には〝強み〟と〝弱み〟が想定されるが、研究アプローチとしての「哲学・思想」の〝強み〟となるのは、抽象的に問題を扱うことで議論の具体性は捨象するものの、それによってより俯瞰的な眼差しから、対象の中にある種の本質を想定し、その構造を新旧の諸概念を駆使しながら理論的に浮き彫りにすることにあると言える。本書の内容に即して言えば、例えば「環境の危機」の本質とは何か、また「人間の危機」の本質とは何か、あるいはある特定の本質論的な立場から見て「環境の危機」と「人間の危機」の連関性はどのように理論的に記述することができるのか、といった問題設定は「哲学・思想」に特徴的なものであると言ってよい。換言すれば、まさにこうした問題設定から物事の本質を問い、それを実験的に言語化していくことこそ「哲学・思想」の役割であるとも言えよう。

2 「環境思想・教育研究会」についてはホームページ（http://environmentalthought.org）を参照。研究会誌として年に一度『環境思想・教育研究』が発刊され、そこでは環境哲学を核として環境に関わる諸学問の学際的な研究がめざされると同時に、環境哲学に関わる国際的なネットワーキングが積極的に推進されている。

3 「総合人間学会」についてはホームページ（http://synthetic-anthropology.org/）を参照。同会は二〇〇六年に法哲学者の小林直樹と動物学者の小原秀雄を中心に発足し、ますます知識が細分化していく中で人間それ自体をいかに総合的に理解するのかという主題のもと、年誌として『総合人間学研究』を発刊している。同会の発足時に小原秀雄と尾関周二は、環境危機と人間学の関わりを強く意識しながら創設に関わった。

〈上柿崇英・尾関周二〉

環境哲学と人間学の架橋

目次

＊本文中で取り上げている原書の刊行年は〔　〕内に、訳書の刊行年は（　）内に記した。

環境哲学と人間学の架橋

総論

総論

第1章■尾関周二

人間学とは何か

〈人間学から環境哲学への架橋〉

はじめに

人間学と環境哲学の架橋に関して、ここでは、人類史の初源において始まった人間への問いかけから人間学の形成・展開に至る流れを概括的に見てみるとともに、その視点から環境哲学への架橋を探ることを試みてみたい。そして、人間学は、二〇世紀の後半に環境・エコロジー問題に直面することを通じて、現代文明の課題を解決するために環境哲学と連携して、近代の人間学から近代を超える脱近代の人間学へと転換していくことを明らかにしたい。

1　「人間学」の由来と系譜

人間が人間自らを問うことはきわめて古いと言えよう。おそらく狩猟採集などの原初的な労働や言語に伴う「意識」の発生とともにその問いかけは次第に生まれたと思われる。特に五万年前ごろに現生人類（ホモサピエンス）の心や意識の進化が大きく飛躍し、「人間の意識のビックバン」や「創造的爆発」などと呼ばれる時期が到来し、その頃には現代のわれわれとほぼ同じような知・情・意をそなえた心になったと推定されている。この時期は、ラスコーの洞窟壁画や狩猟技術の高度化で特徴づけられるが、同時に仲間の死を悼む葬儀のようなものが出現したことは、明確に人間自らへの問いかけの始まりを示していよう。

そして、それを機縁に集団の原始宗教的なものが生まれてくるが、それらの神話には人間と世界とは何であるかがさまざまな仕方で語られている。そして、約一万年前に始まったとされるいわゆる「農耕革命」とともに村落共同体や都市が生まれ、部族の連合から古代国家や階級社会が形成され文字が作られると、権力を正当化することも含んでさらにさまざまな神話が語られ、広範な地域にまたがる文明が形成されることになる。

そしてまた興味深いのは、紀元前五世紀から数世紀の間に世界各地の文明の発生地とその近縁で普遍宗教や普遍的思考がほぼ同時に生まれてくることである。哲学者のヤスパースや比較文明論者の伊藤俊太郎はこの時期をそれぞれ「枢軸時代」や「精神革命」と呼んで注目した。これらはいずれも部族的な宗教や神話を否定して、人間を普遍的に問い、普遍的な宗教や世界観を打ち立てる試みと言える。自部族中心の人間観から普遍的な人間観、世界観の志向と言えよう。インドの釈迦、中国の孔子や老子、ヘブライの預言者たちとキリスト、そしてギリシアのイオニアの哲学者たちとソクラテス、さらに少し下るとイスラム教のマホメットが登場する。いずれも今日もなお大きな影響力を保持していると言えよう。その中でも、とりわけギリシアに生まれた「フィロソフィア（philosophia）」（明治の日本で「哲学」と訳された）は近代科学（サイエンス）を生み出す母体となり、それとの対立関係を含みつつも、その背景となる精神として今日も大きな影響力を持っている。いわゆる近代化された先進国とされる国々では人々の行動と思考の規範的意義を持っていると言えよう。その意味で、いわゆる「科学革命」は人類史における、もう一つの「精神革命」と言ってもよいかもしれない。そして、後述するように、その流れの中からまた西洋哲学の近代の総括者と言われるカントによって、哲学問題の根本における「人間学」が提起されることになる。したがって、限られた紙数ということもあるので、以下、このフィロソフィア（哲学）の流れを中心に見ていくことにしよう。

1　哲学における「人間への問いかけ」の系譜

ギリシアの植民地ミレトスにおいて、「万物のアルケー（もと）は何であるか」と問い、「それは水である」と喝破したタレスに始まるイオニアの哲学者たちは世界（自然）のもと（アルケー）を問い、その中で人間を問うたと言える。これに対して、アテネのソクラテスは、「汝自身を知れ」と語り、自然への問いかけを人間への問いへと転回させた。弟子のプラトンは、『国家』において、人間の魂の三つの部分（理性、気概、欲望）と国家社会の階層の体制を相関させつつ正義を論じることによって、人間への問いを社会への問いと深く関係づけた。

古代ギリシア哲学の総括者であるアリストテレスは、人間の定義として「理性的動物」と「共同的動物（ゾオン・ポリティコン）」（後に、ラテン語では「アニマル・ソキアーレ〈社会的動物〉」と訳される）を提示した。そして、人間の基本的活動を大きくギリシア語で、「テオリア（theoria）」、「プラクシス（praxis）」、「ポイエーシス（poiesis）」この三つに分けている。

後の議論とも関係しているので、少しこの三つをここで説明しておくことにしたい。「テオリア」というのは英語のセオリー（theory）で、広い意味での「理論的・認識的活動」を意味するが、後の近代科学の認識とは違っていわゆる「形而上学」的な観照的認識と言える。「プラクシス」は、「実践」と訳されるが、現代的な感覚と非常に違うのは、今日「実践」というと、労働などの物質的な身体的活動も含めて「実践」と呼ぶが、アリストテレスの場合のプラクシスは実質はコミュニケーションで、しかもこれは倫理的・政治的なコミュニケーション活動と言える。そして「ポイエーシス」、これは物を作ることで、これはまさに労働を含む制作活動であり、これに対応する知のあり方というのはテクネー、技術知と考えるのである。

ここで面白いのは、アリストテレスにとって人間らしい活動というのは、この最初のテオリアとプラクシスの二つで、ポイエーシスは低次の人間活動ということである。ポイエーシス、労働というものは、これはまさにアリストテレスにとっては、人間が生物的存在であることの必要を満たすという、この宿命から逃れられないことからくる活動で、可能ならば、これは奴隷に任せておいてもいいことだという、そういう貴族主義的な捉え方が背景にある。あらかじめ言っておくと、近代になると、この人間活動の位置づけの大逆転が起こり、このポイエーシス（労働）が他の二つよりも上位にくることになるのである。

さて、西洋中世では、アリストテレス哲学とキリスト教の結合が哲学の基礎となる。神・人間・自然の関係では、人間は神の似せ絵であり、自然は神によって人間のために創られたというキリスト教の教えが基本となる。アウグスティヌスやトマス・アクィナスといった神学的な哲学者たちは、キリスト教の超越神への信仰と原罪を持つ人間の救済に関心を集中させ、宗教的人間観を論じたと言える。ルネッサンス期には、自治都市フィレンツェの芸術作品に見られるように宗教から解放された人間の姿が登場してくる。ピコ・デラ・ミランドラが人間は自由意志によって神のようにも獣のようにもなれるとし『人間の尊厳』を著し、異端の疑いをかけられるが、宗教的人間観からの解放が理論的にも志向されることになるのである。そして、レオナルド・ダビンチのような人間の多彩な才能を発揮する人物が登場してくるのである。

近代初頭の「科学革命」は、ガリレオ・ガリレイ、デカルト、ニュートンなどによって遂行され、それは人類史において新たな知の誕生であったと言える。この新たな知は、数学を媒介にする思弁的な論証知と経験的な技術知の統合によって生まれたものである。思弁的な論証知と経験的な技術知が別々の仕方で発達したあり方は世界各地で見られるが、西洋近代で特異なのは、この両者が統合されたことである。近代物理学を誕生させたニュートンの主著が『自然哲学の数学的原理』（一六八七年）というタイトルを持っているように、当初は、その自然認識は自然哲学と区別されなかったが、やがてそれは哲学から独立した「科学（science）」（物理学）としての知の営みとなる。その後、科学は次第に技術と結びつき産業革命、近代工業文明の原動力の一つとなるのである。

さて、この新たな知を可能にする自然観と人間観を哲学的に基礎づけたのはデカルトであり、後にまたより詳しくふれることになる。また、「知は力なり」という言葉で知られたイギリスのフランシス・ベーコンも実験科学を基礎づけた。さらに、イギリスでは、「万人の万人に対する闘争」という言葉で知られるホッブスは、デカルトと同時代人で、ある意味でデカルトが自然認識の際に用いた機械論とアトミズムを人間社会にも適用して、国家を個々人の社会契約によって生まれた巨大機械（リヴァイアサン）のようなものとした。そして、その流れの中で、「市民革命」のイデオローグでもあったジョン・ロックは、現代にまで至る、近代市民社会の自由主義的個人を基礎づけた。その際に、ロックは労働を重視し、誰のものでもない自然に労働を加えることによってその当事者の所有権が生まれるとして労働によって私的所有権を根拠づけた。また近代の市場経済社会をアダム・スミスが「ホモ・エコノミクス」の人間観や労働価値説によって基礎づけ、古典経済学を創設した。

このようにして、さきにみたアリストテレスにおいては低次に位置づけられた労働（ポイエーシス）と技術知（テクネー）が優位する近代社会が登場することになるのである。それは科学技術が主導する工業化社会であり、市場経済における生産労働が貨幣価値を増殖させる資本主義社会である。そして、それはまた、「野蛮と未開の文明化」というスローガンのもとに世界各地に進出し、一九世紀には帝国主義的植民地化を強力に推し進めていくことになる。

2　哲学的人間学の登場

さて、すでにふれたが、人間への問いかけを学問的な重大な意味を持って語ったのは、近代哲学の総括者であるカントである。カントは、哲学の根本問題を三つ挙げている。(1)私は何を知ることができるか？　(2)私は何をなすべきか？　(3)私は何を望んだらよいか？　そして、これらは、結局、(4)「人間とは何か？」というより根源的な問いに関わるとした。ここに哲学的な人間学の自覚的な探究が提起されたと言える(1)。

こういった一八世紀におけるカントによる人間への哲学的な問いかけの根源性を受けて二〇世紀初頭に「哲学的人間学」を明示的に提起した新カント派の哲学者がマックス・シェーラーである。彼は当時の最新の生物学や心理学の成果をもとに、「宇宙における人間の位置」（一九二八年）という論文を書いた（この内容は次節で詳述）。これを受けて、H・プレスナー『有機的なものの諸段階と人間——哲学的人間学序説』（一九二八年）やA・ゲーレン『人間——人間の本性と世界におけるその位置』（一九四〇年）、E・カッシーラー『人間——シンボルを操るもの』（一九四四年）など、新カント派の影響の中で人間学的な著作が著された。ハイデッガーはこういった「哲学的人間学」の潮流に対抗して『存在と時間』を著し、人間の存在を問う「基礎的存在論」を提起したが、これ自身もまたある意味では独特な人間学の一形態といえよう。また、この頃のドイツに留学した日本人の三木清もまた「哲学的人間学」に大きな関心を抱いた一人である(2)。

他面で、一九世紀以来の急激な資本主義的発展の矛盾の中から労働運動、協同組合運動、社会主義、共産主義、アナーキズムなどの社会運動が展開されてきて、ちょうどこの同じ二〇世紀初頭に、帝国主義諸国間の世界大戦を背景に「社会変革の人間観」ともいうべきものが産まれてくる。

また、一九三二年には初期マルクスの『経済学・哲学草稿』が発見されたが、ここにはマルクスの疎外論的な人間論が古典経済学の批判と共に語られている。これはフォイエルバッハの「人間学的唯物論」を批判的に継承したもので、マルクスの人間観がよく表れているが、ソ連型マルクス主義の形成期に知られなかったことは重大な意味を持つことになる。「疎外」という人間理解のキーワードは、マルクス主義のみならず、E・フロム『自由からの逃走』などの精神分析派をはじめ非常に広範囲な影響を現代にまで与えることになる。

社会変革の人間観の大きな問題意識は、わかりやすくいえば、エゴイズムや弱肉強食の思想を生み出す人間観や社会に対して、相互扶助や共同性、連帯を本質的なものと見なす人間観を対置して、それを実現するような社会を創設することをめざす点にあると言えよう(3)。

3　科学からの人間への問いかけ――「人類学（Anthropology）」の成立

近代以降、物理学から始まった科学（サイエンス）は、社会や人間の探究の方面にも向かい、この問いかけは「人類学」の誕生として位置づけられる。一八五九年に人類学会が発足（於パリ）したが、同じ年にダーウィンの『種の起源』が発刊されたのは、興味深い。後にダーウィン自身も『人間の由来』という本を著し、人間と動物の違いは相対的なものという人間観を提示することによって、熱心なキリスト教徒の憤激を引き越すなど大きなインパクトを与えた。

この後、科学としての人類学は、進化論を土台に自然人類学と文化人類学（社会人類学、経済人類学、先史学ほか）として発展していくことになる。こういう中で二つの人類学を統合する試みも生まれてくる。この点では、京都大学に霊長類学研究所を設立した今西錦司の功績は世界的に大きいと言えよう。そして、その流れの一人である小原秀雄は、自らの理論を「自己家畜化論」と称し、人類史・社会史についで次のように述べている。

　現実の人間界は社会史とともに、その下部というべきか基底に自然史を含んで成立している。人間（ヒト）は、自らつくり出したさまざまな道具によって〝自然淘汰の結果〟人間化した。（小原秀雄、二〇〇六、三八）

また、古典物理学から飛躍した相対性理論や量子力学は、宇宙論や素粒子論を深化させる中で、反照的に人間存在への問いかけを掘り下げていきつつある。ちなみに、天文学者の小尾信彌は宇宙論の人間学的意味を次のように語っている。

　宇宙進化のなかで現れた人間が、宇宙のほぼ全域を眺め、その現状と誕生以来の歴史の大筋を自分なりに理解している。宇宙の一要素が宇宙を理解していることであり、宇宙が自覚していることである。（小尾信彌、二〇〇六、五七）

最近の宇宙論研究は、宇宙の構造や起源の探求などで大きな前進を遂げており、その中から宇宙の構造の理由を人間の存在に求める「人間原理」と呼ばれる理論も登場している。

以上述べてきたような、人間への問いかけや人間学の試みを大きく総合する動きがこれまでにさまざまに試みられてきているが(4)、この点は別の機会に論ずることにしたい。この小論では、次節からはこういったさまざまな人間探究が、二〇世紀以降は西洋近代において確立された人間観・哲学への批判を活発化させ、さらには二〇世紀の後半には環境・エコロジー問題に直面することを通じて、環境哲学と連携して近代の人間学から脱近代の人間学へと転換していくことになることを明らかにしたい。

2　西洋近代文明・社会を支える人間観の揺らぎ

二〇世紀初頭の第一次世界大戦は、西欧の人々、特に知識人に大きな衝撃を与え、西欧近代が提起した「進歩」をキーワードとする「啓蒙」の明るい未来の展望は打ち砕かれ、シュペングラーの有名な『西欧の没落』(一九一八〜二二年)がベストセラーとなった。さきに少しふれたマックス・シェーラーは、まさにそういった状況の中で、「人間とは何か」を問い「哲学的人間学」を提起した。時代の危機が人間への深刻な問いかけを生み出したのである。

シェーラーは先述した「宇宙における人間の位置」(一九二八年)という論文において改めて「人間の特種地位」を、生命のもっとも低次の段階における心的なものからより高次の段階への移行の過程(植物→動物→人間)において明らかにしようとした。その際に当時の心理学や生物学の最新の科学的知見の成果を取り入れて、後述するように、「近代哲学の父」と称されるデカルトの心身二元論は誤りであり、動物や人間の身体は機械でなく、それ自身何らかの心的なものを持ち、人間の心的領域と連続していることを主張した。彼によれば、高等動物における心的なものには高度の心的能力も認められ、それらは人間の知能と連続しているとする。したがって、人間の知能がいかに高度であったとしても、その点では、人間は動物とは原理的に区別されないとする。

しかし、同時にまた、人間における新しい原理は動物と連続する生命領域に属する心的なものではありえず、それを超越するものであり、その外部に存するものだと言うのである。ギリシア人はそれを「理性」と名づけたが、シェーラーは一層包括的な言葉である「精神」をそれにあてたいという。そして、人間は「精神的作用中心のおのれ自身に関する意識」としての「自己意識」を持ち、さらに、この精神が有限な存在領域に現れた場合に、その作用中心を「人格」と呼びうるとした。

シェーラーによれば、こういった精神的存在者としての人間は、「生」と生に属する一切のものから、つまり「衝動」と「環境世界（Umwelt）」から自由になりうるのであり、この意味で人間は他の動物と違って「世界開放的（weltoffen）」であるとする。また、人間だけが、こういった環境世界に対して距離を取り、一切の事物を「対象化」し、世界そのものをも「対象」とすることができるのである。このようにして、シェーラーは、「精神」（理性、人格、自己意識）は根源的に自律的なもので、生の延長上にあるものでなく、それを超越したものと考える。

以上見られたように、シェーラーは、人間の高度な心的活動としての知能などは動物の心的活動の延長にあり、生命的な活動と一体であるが、人間の「精神」（理性、人格、自己意識）と呼ばれる心的活動はそういった生の領域を超越するものと考えるのである。彼は時代の危機の克服をこの人間の「精神」の至上性の自覚に託そうとしたように思われる。

しかし、再び世界大戦が勃発し、西欧の誇りは打ち砕かれ、西欧に取って代わって米ソという二大超大国が登場した。西欧の知識人たちが人類の危機と感じたものは、文字通り西欧危機にすぎなかったかのようであった。米ソの知識人たちは人類の危機と見えたものは西欧中心主義の危機にすぎなかったと語った。両国は国家体制としては「資本主義と社会主義」という点で対立したが、科学・技術の発展と経済成長に大きな信頼を寄せる点で共通し、さらにソ連は、加えて共産主義こそが、世界を救い人類の新たな将来を約束するものと主張した。しかし、二〇世紀の終わりを前にして、そのソ連も崩壊し、アメリカの知識人からは、世界はアメリカの言う「自由と民主主義」の社会でハッピーエンドとなったとして、「歴史の終わり」(フランシス・フクヤマ)が語られた。しかし、ソ連崩壊以後のグローバリゼーションの進展は、地球環境問題とそれに付帯する人口問題、食糧問題、格差問題などを一層深刻化させつつ、「人類の終わり」を予感させる事態になっている(5)。

私は前記のように、シェーラーはデカルトの心身二元論を批判したが、彼の哲学的人間学の根幹にはやはり、そのデカルトの「コギト」の深化でもあるカントの「超越論的自我」を「精神」と呼んで継承していると思う。というのも、シェーラーが言う「精神」とは世界の事物のみならず世界そのものをも「対象化」しうるものである点で「超越論的」と言えるからである。ただしかし、他面で彼はこの「精神」を実体化して「宗教と形而上学の根源」に関わるものとして「神的なもの」に言及しているが、カントはまさにこういった形而上学的思考を批判したのではないかと思われるのである。近代哲学の総括者であるとともにその批判の始まりでもあるカント自身は、『純粋理性批判』をはじめとする三批判書の総体において、自ら提起した根源的レベルの問いとしての「人間とは何か」に、シェーラーよりも一層深い仕方で応答し、人間と世界の根源を問う哲学的人間学の可能性を示唆したと思うからである(6)。

3　近代的人間観の批判とコミュニケーション論的転回

周知のように、デカルトは一方で、「我思う、ゆえに我あり（cogito, ergo sum）」という有名な言葉で、〈コギト（考える私）〉の絶対的確実性を強調するとともに、他方では、自然の本質を〈延長〉として要素還元的な機械論的自然観を主張した。これによって、前者は確かに「個人の尊厳」につながる個人尊重の思想を打ちたて、ロックの思想とともに、「人権」思想の背景になっていったと言えよう。後者は「近代科学」を離陸させ、「すべてを疑う」という「批判的精神」を生み出したと言える。これらは、文字通り「啓蒙の光」と呼べる積極面とされようが、他方では、その人間観・自然観は人間をめぐる哲学的難問（アポリア）を引き起こした。後に詳述するようにまさにヘーゲルが〈近代〉を「分裂の時代」と呼んだように、この難問は理論的な哲学的問題にとどまらず、市場経済社会（資本主義社会）や工業化社会（産業社会）という近代社会の特質をも反映するものであり、現代に至って露呈したような深刻な社会的問題性にも関わるものであった。

1　近代的人間観と「分裂の時代」

この「分裂」は大きくは、デカルトの〈コギト〉を援用して以下の三点において語られよう。

第一は、人間と自然の分裂である。人間と自然は各々〈思考〉と〈延長〉という、その本質をまったく異にする実体とされ、いわば〈精神〉と〈機械〉として対置されることによって、アリストテレスに見られたような、有機体としての人間と自然の階層的な連続的一体観が打ち破られたのである。そして、人間は意識主体として、自然を客体化してその法則を認識し、支配・コントロールのもとに置きうるということになる。そして、資本主義の発展と相俟って、もっぱら自然は人間が利用する経済的資源と見なされるようになるのである。

第二は、一人の人間自身における分裂、つまり、心と身体の分裂である。動物が〈自動機械〉とされたように、生命体は機械であり、人間の身体もまたその種の〈機械〉に他ならないのである。しかし、この人間の心身の二元的分裂は、日常的な現実ときわめて合致しない主張であるので、その後のラ・メトリは、心もまた時計のゼンマイのようなものと考えればよいとして、身体のみならず、心も一種の機械だとする「人間機械論」を主張した。この人間機械論の系譜は、ノバート・ウィーナーのサイバネティックスをモデルとする人間機械論、そして、今日ではそれはコンピュータ（人工知能）をモデルにするものであり、ロボット技術の興隆とともに今日でも影響力を持っている。

第三は、人間と人間の分裂である。これは、〈考える私〉の確実性は内面的な確信であり、デカルト的な立場からは、私の外にいる他者が果たしてロボットでなく、本当に〈考える人間存在〉であるかは、外的観察からはわからないからである。これは「他者問題」と呼ばれる哲学的アポリア（難問）とされるが、しかし、この問題は、人間関係がモノとモノとの関係（商品関係）に取って代わられる「物象化」と呼ばれる事態や競争を原理とする現代社会における、個々人の〈孤立化〉の問題と深く連関する問題なのである。そして、これはまた、いわゆる近代以降、共同体が解体され、バラバラな個々人が生み出されることに関わる「個と共同体」問題という社会哲学的な問題とも深く連関するものである。

したがって、デカルトの自存する自我（コギト）は、自然や他者のみならず、自分の身体や心をも対象化・客体化する主体であり、その意味で世界を超える単独の自我であり、その社会関係においては孤立した自我と言える。そして、この主体は、科学の認識主体であるとともに、市場経済社会の交換主体や労働主体でもあるのである。ここでの労働主体とは、マックス・ウェーバーによって理解された、目的を実現するために手段の合理的選択に専念するという「目的合理的主体」である。

カントはこういったデカルトの自我を内面へと認識論的に深化して「超越論的意識」と呼んで、人間の「経験」世界を究極において根拠づけるものとした。それを受けてヘーゲルはまた、人間の「意識経験」の個体発生的・系統発生的過程の探究（『精神現象学』）を通じて、人間精神の「疎外」とその克服の運動による「弁証法」的発展を主張することになった。すでに指摘したフォイエルバッハとともに、これはマルクスに大きな影響を与えた。

さて、二〇世紀以降の現代哲学の多くの潮流は、デカルト的な孤立的自我を原理とする人間観を〈言語〉や〈コミュニケーション〉の視点から批判して、「言語論的転回」や「コミュニケーション論的転回」と呼んで、その批判活動を特徴づけてきた。それらによって、原基的な言語共同体やコミュニケーションなしには、デカルト的〈考える我〉という人間存在もありえないこと、モノローグ的思考から対話的思考への転換、さらには、主体—客体関係から相互主体的関係への転換などが主張されてきたと言える。

この際に、ヴィトゲンシュタインやオースティンらに代表される英米系の言語哲学やプラグマティズムのコミュニケーション哲学は、言語やコミュニケーションへの注目のあまり、また旧来のマルクス主義が労働（特に工業労働）を一面的に強調したこともあって、それへの反発から労働が人間存在にとって持つ重要性への深い関心をほとんど持たなかったと言える。そういった流れは、近代哲学を特徴づけるデカルトの〈コギト〉に象徴されるモノローグ的な意識やそれに基づく狭い労働型行為モデル（また、その変形としての科学主義的認識モデル）を批判するだけでなく、「労働からコミュニケーションへ」ということで労働概念それ自身の意義を考察することがなかったと言えよう。しかし、労働は、ロックを思い起こせばわかるように、コギトと並んで、アリストテレス的人間観から近代的人間観への転換を象徴するもう一つのキーワードで単に無視することですますことができないものであったのである。

2　労働とコミュニケーションの対置と内的連関

この意味で、労働とコミュニケーションの両方をともに取り上げて議論したハンナ・アーレント、そしてまた、彼女の影響を強く受けて新たな社会理論を構築したユルゲン・ハーバマスは興味深いと言えよう。

アーレントは『人間の条件』（一九五八年）の中で、人間生活の基本的な諸活動と条件を詳細に考察しつつ、古代ギリシア以来の人間生活の基本的あり方が、近代を境にどのように大きく変化したかを論じているが、すでに述べたアリストテレスの人間活動の基本分類を思い起こすと興味深いであろう。

その変化を大きく言えば、アリストテレスにおける「観想的生活（vita cntemplativa）」と「活動的生活（vita activa）」の上下関係が逆転し、さらに活動的生活を構成している「活動（action）」「仕事（work）」「労働（labor）」の三者の優位関係が逆転し、近代以降〈労働〉が支配的になったと考えるのである[7]。これの背景には、しばしば指摘されるように、この『人間の条件』に先行する『全体主義の起源』〔一九五一年〕におけるナチズム、さらにはスターリニズムを「全体主義」と特徴づける研究を踏まえて、さらにその背景となる人間存在の原理的究明からの批判ということがあるのである。

アーレントは、古代ギリシアのポリスの自由な政治空間を念頭に〈活動〉とそれと不可分の「言論」（言語的コミュニケーション）を強調し、そしてそれらと人間存在の根源的な「複数性（plurality）」よって構成される公共的な政治空間の喪失こそ、〈労働〉が近代以降優位になっていく中で見失われてきているものであるとした。そして、その現代における喪失こそ全体主義の背景にあるものと考えるのである。デカルトの単独の自我主体やヘーゲルなどの大文字の単独の精神主体〈世界を創出しつつ自己展開する〉に対して、人間存在に固有な「複数性」という複数主体が取って代わられねばならないのである。

全体主義への批判の脈絡でみられる限り、ナチズムやスターリニズムのどちらにおいても、言論の自由が抑圧され、公共圏が欠落していること、また強制収容所に象徴されるような〈労働〉が存在したことを思い起こすと、その限りにおいては、アーレントによる〈活動〉と〈労働〉の対置はもっともなような印象もあろう。

ところで、ハーバマスもまた、こういったアーレントの影響のもとに、言語・コミュニケーションによって形成されるオープンな「公共圏（Öffentlichkeit）」の独自の意義を強調するとともに、コミュニケーション行為と労働行為の対置の理論構成があったと思われる。コミュニケーション行為は「了解志向的行為」として、労働行為は「成果志向的行為」として対置して捉えられるからである。さらにまた、ハーバマスは、「社会」を二重の視点、つまり「生活世界」と「システム世界」から捉え、「生活世界」はコミュニケーション行為によって再生産されるものであり、「システム世界」は労働モデルの行為類型によって再生産される市場経済・官僚システムとして捉えられ、両方が対置されるのである。そして、このシステム世界の肥大化による「生活世界の内的植民地化」という事態こそ、現代の大きな病理現象と診断され現代批判へと結びつけられるのである。

このようにハーバマスにおいても、アーレントとは別の意味で、労働とコミュニケーションを対立させる傾向があった。これに対して私は、マルクスの『ドイツ・イデオロギー』において人間の生活過程の基本的要素として位置づけられた労働と交通（Verkehr）の思想にもヒントをえて、労働とコミュニケーションを共に重視して、それらの内的連関を主張してきた(8)。私見によれば、人間の人間らしさにとってコミュニケーションのみならず労働もやはりまた本源的と考えたからである。つまり、アーレントやハーバマスによる〈労働〉概念の理解の矮小化を問題にし、近代以降の労働概念そのものの「コミュニケーション論的転回」をもはかるというスタンスを強調してきた。近代的自我のコミュニケーション論的転回に加えて、矮小化された労働概念のコミュニケーション論的転回を提起したわけである。

アーレントにおいては、通常は広義に「労働」と理解される人間活動は、〈仕事〉と〈労働〉に区分され、それぞれの特徴は主に〈目的合理的行為〉と〈賃労働〉を意味するように理解されるので、いずれにおいても人間の創造性を核とする〈活動〉やコミュニケーションとの内的連関は考慮されない。また、ハーバマスにおいても、労働行為が主体―客体の「目的合理的行為」の典型とされることによって相互主体的な了解志向のコミュニケーション行為と対置され、内的接点を持たないことになるのである。

しかし、私なりの「コミュニケーション論的転回」によって実現される労働のイメージは、自然や他者を管理・支配する近代主義的な労働イメージから自然や他者へのコミュニケーション的態度を基軸にすえた、いわば「コミュニケーション的労働」と呼びうるものがその主たるイメージとして浮かび上がってくることになる。これは近代の大工業労働の重視から自然や人へのコミュニケーション的関わりの中で行われる本来の農業労働や種々のケア労働の重視への転換と符合するものと言えよう。こういったコミュニケーション的労働は、資本主義システムのもとでは、工業労働に比して交換価値を生み出す価値生産労働という点で生産性が低い労働とされる。しかし、むしろ人間らしさという点からすると、アーレントにおける〈活動〉と内的連関と相乗効果を持ちうる労働形態と言えよう。

このことはまた、後述するように、コミュニケーション論的転回が「エコロジー的転回」へつながっていくことを意味するのである。

3　労働とコミュニケーションの内的連関の再考――象徴と共同体

前記で、コミュニケーションと深く関わる労働として「コミュニケーション労働」と呼べるような労働のあり方を挙げたが、労働とコミュニケーション、より対照的にいえば、物質的生産労働と言語的コミュニケーションを直接に媒介する形態、あるいは中間の形態に関わってもう少し考えてみることにしたい。その点で、人類史における心の形成の意義と関係して認知考古学において興味深い議論があるのでふれてみよう。

先史時代に関する今日的な研究において、すでにふれたように五万年前以降（氷河期の終わりごろ）、急速に文化がスピードアップして、人類史における「偉大な飛躍」「創造的爆発」、「人間の意識のビッグバン」と呼ばれるような、現生人類（ホモサピエンス）の心に関して、それ以前との違いがきわだってくる時期（後期新石器時代）があったとされる。これは、ラスコーやアルタミラの洞窟壁画や死者の丁重な埋葬、狩猟技術の高度化などに見られるとされるが、それらが人類の心・意識の状態の急激な飛躍を指示しているとされ、その原因・背景が学際的な大きな研究関心となっているのである。

英国の著名な認知考古学者のコリン・レンフルーによれば、人間の自然への「関与（engagement）」においてこの時期に大きな変化があり、その核となるものは、人間の自然への関与における「象徴（symbol）」の役割の拡大だとする。ここで「象徴」を少し説明しておくと、象徴と象徴されるもの、記号と記号意味など、代表するものと代表されるものは、対の関係になっていて、有名な言語学者のソシュールの言葉を利用すれば、「シニフィアン（能記）」と「シニフィエ（所記）」と言われるものである。例えば、言語によって、「イヌ」とか、「dog」といったまるで異なる音声や文字の能記によって指示される所記（「犬」という意味）に関係づけられるが、その関係はたいては恣意的であり、集団的な想像力によって結び付けられていると言える(9)。このように象徴（記号）関係は自然界における因果関係と区別される文化的なものである。

こういった視点からすると、洞窟壁画のバイソンの絵は、象徴、能記としての役割を演じて、所記としてのバイソン（野牛）のイメージをそこに居合わせた原始の人々に共有されたイメージを喚起していると言えるのであり、これらは人類の象徴行為の深化として捉えられるのである。こういった壁画のバイソンの絵としての象徴をめぐって音声と身振りによる前言語的なコミュニケーションが展開されたと考えられるのである。壁画の絵は、いわゆる芸術の起源という以上に、言語・象徴形成の高次化との関わりにおいても研究されねばならないのである⑽。

さて、こういった多様な象徴に関わる行為の延長において、レンフルーは農耕の始まる時期の前後に「物質的象徴（material symbol）」を制作する共同の労働行為が出現してくることに注目する。物質的象徴とは、共同体の記念物や埋葬の際の副飾品などのことであり、いわゆる衣食住などの生存に直接関わる労働ではないが、まさに物質的な制作労働である。そこで、私なりに言えば、こういったものを作る活動は、ある意味で物質的労働と言語的コミュニケーションとの中間形態のものであり、「象徴制作労働」と言ってよいのではと思うのである。石などの素材の加工を通じて象徴物を作る点では労働であるが、同時にまたコミュニケーションの際の音声や身振りなどに関わる象徴・記号の産出という点では、コミュニケーション活動に似ているからである。

レンフルーが、また、こういった物質的象徴の制作を「共同体の構築」と関係させていることも興味深い。ここでの「共同体」とは、血縁に基づく或いはそう観念する部族や氏族といった共同体を超える共同体が問題である。集団行動は多くの場合に、共同労働とその構築物という形でもっともよく現れ、物質的象徴としての記念物がこういった共同体や社会を構築する上で、大きな意義を持ったと考えるのである。

英米系の言語哲学者であるオースティンやサールらの言語行為論者が指摘するように、言語行為そのものが、「制度的事実（institutional fact）」を創り出す社会構成的な機能を持っていると言える。そして同時にまたレンフルーによれば、こういった物質的象徴の制作や存在そのものが、こういった社会的脈絡の中で機能し、集団的意識を強化し、「集団志向社会（group-oriented society）」と呼べる社会を作り出すとしている。しかも、興味深いのは、記念物や装飾品を持つこういった「集団志向社会」には、その遺跡からたとえ農耕社会であっても、国家や首長や王などの特別な個人や中央集権組織を示す神殿や王宮などの遺物は見られず、一部にはある種の「平等社会」があったと想定されるとしている点である。

さらにレンフルーは、首長や王などの個人が明確に突出してくる社会を「個人化社会（individualizing society）」と呼ぶが、まさに記念物などの物質的象徴はその意義を社会の性格の転換とともに大きく変化するのである(11)。

かくして、集団志向社会が、さきに論じたように連帯感を象徴するのに利用していた記念物は、初期国家社会の支配者の手で、自らの名声と国家の力を体現し反映する物に代えられていったのである。最も有名な例は、エジプトのピラミッドだろう。これこそ、中央集権化された絶対的な権力を体現する巨大な記念物である。（レンフルー、二〇〇八、二四五）

こういった議論を通じて、レンフルーは、血縁に基づかない共同体の出現と農耕社会の出現は重なるのであるが、一部にはその遺跡から平等な農耕社会も見出されるという。そこからすると、興味深いのは、農耕社会が、階級社会や集権的な国家社会を伴うことは必ずしも通説のように必然的ではなかったかもしれないのである[12]。すなわち、農耕の始まりの前後の時代は、まさに狩猟採集時代から続く「分ち合い」の平等社会（山極、二〇一四、三二六）を継続するか、新たな支配隷従の階級社会へ転換するかの大きな分岐点でもあったと言えよう。（ちなみに、山極は、この「分ち合い」の精神は、不平等社会においても家族においては継承されてきたが、現代のインターネットに代表される情報技術による対面的コミュニケーションの希薄化は、大きな問題をもたらすかもしれないとしている。）

4　脱近代の人間学の構築へ——環境哲学の形成とともに

私は、「コミュニケーション論的転回」（「言語論的転回」）に続く哲学の「環境論的転回」（「エコロジー的転回」）とも呼ぶべきものが必要であることをこの間、いくつかの著作で主張してきた（尾関、二〇〇七）。それは、二〇世紀後半の地球環境問題にまで登り詰めた環境・エコロジー問題によって引き起こされたインパクトを哲学・思想が真剣に受け止めることが必要であると考えたからである。環境・エコロジー問題に関わって、ディープ・エコロジー、環境倫理、自然中心主義、自然の権利、動物解放、自然の固有の価値等々の諸概念によって提起された問題意識はいずれも近代哲学が作り上げてきた通念を鋭く批判するものであり、哲学の「エコロジー的転回」を問いかけるものとして包括的に受けとめ、同時にそれらの議論の不十分さを克服して「環境・エコロジー哲学」（簡略化して「環境哲学」と呼ぶ）が形成されねばならないと考えたのである。さらに、カントが言うように、「人間とは何か」が哲学の根源的な問題であるならば、環境哲学の新たな形成は同時にまた人間学が大きく転換されることが要請されていることを意味しているとも言えよう。

それは私なりに言えば、人間存在が有限な地球の生態系の中に真に位置づけられ、新たな文明・社会の構築に寄与しうる脱近代の人間学の構築である。その場合、人間―自然関係のあり方を根源的に規定する活動としての労働のあり方がまずは考えられる必要があろう。そこで、さきに紹介したアーレントによって理解された〈労働〉概念の批判的検討を通じて、「エコロジー的転回」を少し考えてみたい。

さて、さきのアーレントの『全体主義の起源』と『人間の条件』の二つの著書の発刊の間には、彼女によって草稿として残された本格的なマルクス研究があり、それを考慮すると、『人間の条件』における〈労働〉概念の議論はマルクスへの突っ込んだ批判的言及が背景にあると言えよう。

アーレントによれば、マルクスは、近代の〈労働〉優位の傾向のもとに「あらゆる人間の営みを労働の営みとして解釈しなおし」（アーレント、二〇〇二、一二）、人間を〈労働する動物〉と定義づけたとされるが、その際に、マルクスは〈労働〉の否定的な性格を理解していなかったと考え、次のように批判する。

この〈労働の〉尊厳化のなかで彼が見失っていたのは、労働の営みの最も基本的な性格である。すなわち、労働の営みは定義上「私的」であって、なぜならそれは人間と自然の物質代謝であり、それゆえに、単独での人間、政治的にいえば孤独になっている人間にかかわっていることである。

（同前書、二六七）

〈労働〉を「人間と自然の物質代謝」として捉えるアーレントの理解はおそらくマルクスの同じ言葉からのものであろうが、この意味するところがマルクスとは決定的に違うのである。マルクスは次のように『資本論』で語っている。

労働は、まず第一に人間と自然とのあいだの一過程である。この過程で人間は自分と自然との物質代謝を自分自身の行為によって媒介し、規制し、制御するのである。（マルクス『資本論』①、全集二三巻、二三四：MEW23, S192.）

さらにマルクスは、大工業とともに大土地所有に基づく工業化された農業が、それぞれ人間と自然の物質代謝に関わって荒廃、破壊を進めることを指摘しているが、その関係で次のようにも述べている。

大土地所有は、社会的な、生命の自然法則に規定された物質代謝の関連のなかに、回復できない亀裂（Riß）を生じさせる諸条件を生み出すのであり、そのために地力は浪費され、またこの浪費は、商業を通じて自国の境界を越えて遠くまで広められるのである。（マルクス『資本論』⑤、全集二五巻、一〇四一：MEW 25, Kapital III, S821.）

アーレントの場合には、〈労働〉として理解されたこの「人間と自然の物質代謝」は「私的」で「単独の人間」の生命体に関わる生理学的意味でのメタボリズムとして理解されているのに対して、マルクスの「労働」概念の場合には、同じように「人間と自然の物質代謝」と言われている内容はアーレントとは異なり、人間と自然の関係を媒介する社会的・共同的労働として理解されており、さらにドイツの農学者リービッヒの影響のもとに自然生態系の循環に関わる意味をも含ませていると言えよう(13)。

マルクスによれば、資本主義システムにおける労働はその目的とする生産物を生産するだけでなく、その資本主義の社会システムそのものを再生産するものである。現代の社会システムが、市場的・工業的労働によって再生産されており、その社会システム(その中核がグローバル資本主義)が地球生態系の危機を引き起こしている大きな要因である。根本的には、人間と自然の物質代謝を媒介できなくなっている社会的労働と社会的交通のあり方が変わらねばならないのである。

マルクスはすでに見たように資本主義システムの拡大が人間(労働者)と自然(土地)を破壊することを語っていたが、しかし、この問題が、二〇世紀後半に前面に出てきた地球環境問題のような仕方で地球生態系の回復不可能な全面的破壊と人間を含めた多様な諸生物の滅亡を引き起こすに至る問題になることは予想していなかったであろう。西欧近代以降、人間が作り上げてきた近現代文明・社会システムが地球生態系の循環から大きく逸脱し、人間と自然を根底から破壊しつつあるのである。

振り返ってみると、人類は、人類史において人間意識の深化の「創造的爆発」によって、種としては今日の人間と変わらぬ人間が登場し、血縁の氏族を超えた共同体を作り出した。そしてさらに、農耕をはじめ生産力を高めた段階で大きな岐路に立ったと言えよう。引き続き平等社会を維持する社会のあり方を模索する方向もあったわけであるが、大きな流れとしては、同時にそれは平等社会から階級と国家を基軸とする支配隷従の不平等社会へと転換していくことでもあった。一万余年を経た現在、これまでの人類が作り出したもっとも生産力を高めた社会システムとしての資本主義システムは、その結果として、「豊かな社会」のスローガンとは裏腹に貧富の格差を増大させ、地球生態系や人間性をともに根底から破壊する脅威をもたらしつつあると言える。このような〈人間〉とはいったい何者なのか、今日これが深く問われているのである。

この危機は、地球的な規模で人間と自然の物質代謝を媒介・制御する共同労働が実現されるような資本主義を超える世界システムとそれに基づく世界的な共同意識が生まれてくれば乗り越えられると考える。そして、この現代の共同労働はかつて先史時代において血縁的共同体を超えた共同体を〈象徴〉を制作する新たな共同労働を通じて構築したように、現代においては世界的な次元において多くの試行錯誤があるにせよ、国際連合・国際諸機関の成果をふまえ、新たな地球規模の民主的制度システムの形成を図ることが重要であろう。それとともに他方では、大地（生態系）に根ざした諸共同体の共同体、重層的な「地球共同体」とも言えるものを共同で構築することにつながることが期待されるのである。

そのためにまずは、各国が自己中心的な主権主義国家から脱皮して「環境福祉平和国家」とも言うべき国家へと転換し、それらの連合を通じてグローバル資本主義を統制することが決定的に必要である（尾関、二〇一二）。そして、そのためにはまた、地域、国家レベルでの公共圏の活性化、さらにはカントの『永遠平和のために』をヒントに「世界市民的公共圏」の構築が必要であろう(14)。そして、市民・国民が公共圏でのコミュニケーション主体になるためにはまた、コミュニケーションと労働の内的連関の視点から労働時間の短縮、自由時間の拡大が不可欠であろう。

二〇世紀後半に前面に出てきた地球環境問題は、西欧近代以降、人間が作り上げてきた近現代文明・社会システムが地球生態系から大きく逸脱し、人間と自然を破壊しつつあるということ示している。近代文明の限界をはっきりさせたのが環境・エコロジー問題であると言えるならば、来たるべき新たな文明は「エコロジー文明」とよべよう(15)。そして、環境・エコロジー問題を理論的に深く解明しその解決をめざすのが、環境哲学であるとするならば、その意味では、近代的人間観の限界を明らかにする脱近代の人間学は、環境哲学の形成と深く連関すると言えよう(16)。

シェーラーの「宇宙における人間の位置」に加えて、われわれにとってはさらに、人類史の視点から「地球における人間の位置」が「近代文明の終わり」の始まりとともに、脱近代の人間学を考える上で重要になったのである(17)。

●注

1　じつは、カントと同様にニュートンに代表される近代科学との関係を強く念頭に置きつつ「人間学」を構想した同時代の論者に英国の懐疑論者ヒュームがいる。彼は、因果性への懐疑によってカントを「独断のまどろみ」から覚まさせたことで有名であるが、ニュートンの「実験的な推論法」を人間精神に適用したと称して一種の「人間学」である『人間本性論』を著した。そして、ヒュームの弟子であった先述のアダム・スミスはまさにこのヒュームの考えに刺激を受けて「人間学の体系」を構築しようと意図したが（フィリップソン、二〇一四）、果たせなかったといえる。したがって、アダム・スミスに関して、『国富論』のみならず、『道徳感情論』や「言語起源論」をも著したことに注目する必要があろう。

2　三木清は、ハイデガーがカントの『純粋理性批判』における「構想力」の重要性に注目したのに触発されつつも、ハイデガーの乗り越えをも意図して『構想力の論理』を書いたが、これは彼の未完の『哲学的人間学』と深く連関するものであった。

3　三木清の論文「人間学のマルクス的形態」(一九二八年)は、前記の二つの人間学の流れが接点を持ったところに生まれたもので、興味深いものと言えよう。

4　ちなみに、二〇〇六年に日本で発足した「総合人間学会」は、前記の哲学的な人間学的探求と科学的探求の学際的な合流として位置づけることができよう。

5　この点で、アラン・ワイズマンの『人類が消えた世界』(早川書房、二〇〇九)や『滅亡へのカウントダウン』(早川書房、二〇一三)などでは、単なるフィクションではなく、データに基づく現実感がある議論がされている。

6　カントの「超越論的意識」による世界の内在的超越は、カントが人間の有限性を深く理解していたことからすると、パスカルの「人間とは考える葦である」という言葉との共鳴において理解されうると思う。人間の「意識」「思考」が動物のそれとは違った不可思議さの面を持つことから人間存在の特異性を考えさせられるが、さきに述べたシェーラーのようにこれを直ちに神に関係づけ実体化する必要はないと思うのである。人間は生物的存在であると同時に意識的存在であり、その意識活動の頂点においては、カントが言う「超越論的意識」という意識の次元が可能であるような存在であると言えよう。これを認めることは、シェーラーのように、人間を宗教的存在とすることとは別であろう。カントは人間意識の根源に向けて非常に抽象的な探究をしたが、同時にまた現実的な時代批判のセンスの持ち主でもあった。例えば、彼は『永遠平和のために』の中で英国の同時代のロックやアダム・スミスと違って西欧列強の植民地主義を明確に批判しているからである。

7 アーレントの〈活動（アクション）〉は、アリストテレスの「プラクシス」に、〈仕事〉と〈労働〉は、「ポイエーシス」に対応すると考えればわかりやすいであろう。また、アーレントの立場からすれば、シェーラーは、最終的には「観想的生活」を重視する立場ということになろう。

8 拙著『言語的コミュニケーションと労働の弁証法』（二〇〇二）は、旧来のマルクス主義の労働一元論とハーバマスの二元論を批判することを念頭において、労働とコミュニケーションの内的連関を探究することが重要な課題の一つであった。ちなみに、旧来のマルクス主義は『ドイツ・イデオロギー』の前述の「交通」概念を、後の「生産関係」の未熟な形態としてその豊かな内実を矮小化したと言えよう。

9 「象徴」が「想像力」と関わっていることは人間存在の固有性を考える上で、非常に重要である。有名なチンパンジー研究者の松沢哲郎は『想像するちから――チンパンジーが教えてくれた人間の心』（二〇一一）で、まさに想像力こそ人間がチンパンジーと区別されるもっとも大きな特徴としている。そしてまた、カントが『純粋理性批判』における人間認識の成立のもっとも重要な箇所において、感性と知性を媒介する力として「想像力」〔構想力〕を強調していたことを、そしてさらに三木清が『哲学的人間学』を未完のままにして『構想力の論理』の執筆に取り掛かったことが思い起こされる。おそらくこの切っ掛けは、カッシーラーの『シンボル形式の哲学』の発刊（一九二三～一九二九年）と関係があると思われる。

10 高田英一は『手話からみた言語の起源』（二〇一二）において、手話を音声言語と同じように重視されるべきであるという観点から、洞窟壁画と関係させてイメージ、身振り、音声の三者の融合に原初の言語起源を探究しようとしている。改めて考えてみると、〈手〉というものは、道具の制作に関わるとともに、手話のようにコミュニケーションのシンボルを産出できるものである。すると、非常に興味深いのは、人間の〈手〉は、労働とコミュニケーションの両方に関わり、そのことによって脳の発達をも促したと言えるのである

（ウィルソン、二〇〇五）。なお、言語起源についての私の考えは、若い頃に著した『言語と人間』（科学全書）から基本的には変わっていない。

11 認知考古学者の松木武彦も記念物、モニュメントのタイプの変化を考察して、平等社会のストーンヘンジ型（行為型）から権力社会のピラミッド型（仰視型）への転換にそれをみている（松木、二〇〇九、一九九）。

12 レンフルーは、この視点から、四大文明のうち、インダス文明には、他の文明とは違って、ハラッパーやモヘンジョダロの遺跡にそういった階級関係を示す王宮や神殿がなかったことに注目している。また、シリーズ「環境人間学と地域」の『インダス――南アジア基層世界を探る』（二〇一三）の中で編者の長田俊樹は、レンフルーと同様なことを述べて、「インダス文明には中央集権的な権力が一元的に管理したシステムがなかったのではないか」（四一二）とし、インダス文明は、「多言語多文化共生社会」であり、「ゆるやかなネットワーク共同体」（四一八）だったのではないかとしている。

13 ただ、今日的視点から問題をより深く捉えれば、「全体主義国家」ソ連において、公共圏がなく秘密警察が跋扈する中で、「労働」をする人々においてアーレントが言うような、「私的」で「政治的にいえば孤独になっている人間」が広範に生み出されていた事態は直視すべきことであろう。したがって、マルクスの労働概念とソ連型マルクス主義の労働概念の区別も必須と言えよう。

14 「世界市民的公共圏」については、ジェームズ・ボーマンの「世界市民の公共圏」がハーバマスの論稿とともに参考になる。いずれもカント『永遠平和のために』発刊二〇〇年記念発刊の『カントと永遠平和――世界市民という理念について』（未来社、二〇〇六年）に収められている。

15 エコロジー文明の基礎には環境保全型農業があると考えているが、この点について詳しくは、別稿（尾関、二〇〇九）を参照してほしい。

16 そもそも人類の誕生もまた地球環境の激変と関わっていたと言えよう。約一〇〇〇万年前に東アフリカで起った地殻変動によるアフリカ大陸を南北に走る大地溝帯の出現によって、大地溝帯の右側ではジャングルがサバンナになっていったが、この環境変化によって共通の類人猿の祖先から人類が分れたとされる。大地溝帯の左側のジャングルの類人猿は今日のチンパンジーやゴリラとなり、右側のサバンナの類人猿は二足歩行を通じて人類への道を歩み始めたとされるのである。

17 この小論の最初に、「人間が人間自らを問うことはきわめて古い」と述べたが、しかし、ひるがえって人類史七〇〇万年からみると、逆にこの問いは新しいとも言える。というのは、人間が自らを問うようになったのは、〈狩猟採集〉が進化において大きな役割をし五万年前の「意識のビックバン」が起こった時期以降のことと考えられるであるからである。そして、このことが興味深いのは、最近の人類学、考古学、霊長類学などの研究から明らかになりつつあるのは、人類はその生誕から数百万年は、狩りをすることによってではなく、むしろ捕食動物によって狩られることによって進化したのではないかと推測されるからである。ドナ・ハートとロバート・サスマンは、『ヒトは食べられて進化した』*Man the Hunted* において「狩るヒト（Human the Hanter）」に対して「狩られるヒト（Human the Hunted）」という原初の人類の姿をさまざまなデータをもとに主張した。また、山極寿一は、彼の家族論や暴力論をこういった視点を基調にして論じている（二〇一四）。したがって、レイモンド・ダート以来、アードレイ、ローレンツを通じて定着してきた「狩猟仮説」による人間観、即ち狩りの捕食者として出発した人類は進化史の中で武器を仲間への攻撃に用い始め、血なまぐさい戦いの歴史が人類を創ったという人間観が支配的になってきたが、こういった人間観はまさに西欧近代の「野蛮と未開の文明化」の観念を増幅した帝国主義、世界大戦を甘受するイデオロギーを背景に持つものと言えよう。その意味では、脱近代の人間学は、人類が「狩るヒト」となって獲得し西欧近代によって増幅された「攻撃的な」人間性のより基底には、「狩られるヒト」としての人間性があることを人類史全体を新たに見直すさまざまな研究を基礎に置いて認識することが重要と思われるのである。そしてこれもまた、人間観の転換が環境論的転回と連動していることを理解させてくれる事例と言えよう。

●引用・参考文献

アレント、ハンナ（一九九四）『人間の条件』志水速雄訳、筑摩書房（Hannah Arendt〈1958〉*The Human Condition*, the Univ. of Chicago Press.）。

アーレント（二〇〇二）『カール・マルクスと西欧政治思想の伝統』佐藤和夫編、アーレント研究会訳、大月書店（Hannah Arendt〈1953〉*Karl Marx and the Tradition of Western Political Thought*, lectures, Christian Gauss Seminar in Criticism, Princeton University.）。

ウィルソン、フランク（二〇〇五）『手の五〇〇万年史――手と脳と言語はいかに結びついたか』藤野邦夫・古賀祥子訳、新評論（Frank R. Wilson〈1999〉*The Hand : How Its Use Shapes the Brain, Language, and Human Culture*, Vintage.）。

尾関周二（一九九六）『環境哲学の探求』大月書店。

尾関周二（二〇〇二）『増補改訂版　言語的コミュニケーションと労働の弁証法――現代社会と人間の理解のために』大月書店。

尾関周二（二〇〇七）『環境思想と人間学の革新』青木書店。

尾関周二（二〇〇九）「〈農〉の思想と持続可能社会」『環境思想・教育研究』第三号。

尾関周二（二〇一二）「3・11原発震災と文明への問いかけ――脱近代への条件の探究」尾関周二・武田一博編『環境哲学のラディカリズム』学文社。

尾関周二・亀山純生・武田一博・穴見慎一（二〇一一）『〈農〉と共生の思想――哲学の復権に向けて』農林統

計出版社。

小尾信彌（二〇〇六）「宇宙から見た人間」小林直樹編『総合人間学の試み——新しい人間学に向けて』学文社。

小原秀雄（二〇〇六）「自然『学』的見地から見た人間、総合人間学」小林直樹編『総合人間学の試み——新しい人間学に向けて』学文社。

シェーラー、マックス（二〇一二）『宇宙における人間の地位』亀井裕・山本達訳、白水社（Max Scheler〈1928〉*Die Stellung des Menschen im Kosmos*, Otto Reichl.）。

高田英一（二〇一二）『手話からみた言語の起源』文理閣。

長田俊樹編著（二〇一三）『インダス——南アジア基層世界を探る』京都大学学術出版会。

ハート、ドナ＆サスマン、ロバート・W（二〇〇七）『ヒトは食べられて進化した』伊藤伸子訳、化学同人（Donna Hart and Robert W. Sussman〈2005〉*Man the Hunted : Primates, Predators, and Human Evolution*, Basic Books.）。

フィリップソン、ニコラス（二〇一四）『アダム・スミスとその時代』永井大輔訳、白水社（Nicholas Phillipson〈2011〉*Adam Smith : An Enlightened Life*, Penguin.）。

松木武彦（二〇〇九）『進化考古学の大冒険』新潮社。

松沢哲郎（二〇一一）『想像するちから——チンパンジーが教えてくれた人間の心』岩波書店。

マルクス、カール（一九六七）『資本論』マルクス・エンゲルス全集刊行委員会訳、大月書店（Karl Marx〈1867~1894〉*Karl Marx-Friedrich Engels Werke*, Diez Verlag.）。

三木清（一九三九）『構想力の論理』三木清全集、岩波書店。

山極寿一（二〇一四）『家族進化論』東京大学出版会。

レンフルー、コリン（二〇〇八）『先史時代と心の進化』溝口孝司監訳、小林朋則訳、ランダムハウス講談社
（Colin Renfrew〈2007〉*Prehistory ; The Making of the Human Mind*, Weidenfeld & Nicolson.）。

環境哲学とは何か〈環境哲学から人間学への架橋〉

第2章■上柿崇英

はじめに

本章では、まえがきでふれた環境哲学に関する基本的な視点を提示し、包括的な立場から人間学への架橋について考える。最初に、環境哲学をめぐる学術的経緯について振り返り、特に北米の環境倫理学の〝輸入〟から出発したわが国の環境思想研究と、その中で提起される環境哲学の意義について確認する。そしてその上で環境哲学の学問的基本構造について考察し、それが環境思想、環境倫理学、エコロジー思想といった基礎概念との間でどのように位置づくのかについて整理する。

エコロジー思想は一つの環境哲学として理解でき、われわれに求められているのは、その体系に代わる新たな環境哲学の枠組みを構想していくことである。本章の後半では、この問題意識を踏まえ、最初に「環境の危機」をめぐる根源的な要素となる〈人間〉、〈自然〉、〈社会〉をめぐる三項関係ついて考察する。この枠組みを用いることで、われわれは「環境の危機」を単なる個別的な問題の集合としてではなく、人類史を通じた「三項関係」の変容過程という文脈のもとで理解できるようになるだろう。

そして次の作業として、この「三項関係」の枠組みを人間学へと接合させるために、「生活世界」と「生の三契機」という概念を新しく導入する。「生活世界」は生活者としての人間から見える「三項関係」の接合点であり、〈生存〉、〈存在〉、〈継承〉という「生の三契機」が展開される等身大の世界である。根源的な「三項関係」の変容に伴い、「生活世界」、「生の三契機」もまた変容を遂げてきた。このことを考察することで、われわれは「環境の危機」と「人間の危機」を同時に理解するための一つの手掛りをえられるだろう。

1　応用倫理学として始まったわが国の環境思想研究

1「加藤テーゼ」と北米の環境倫理学

それでは最初に、環境哲学が論じられる学術的経緯から見ていこう。まず本書は環境哲学(environmental philosophy)を掲げているが、実際には環境哲学という用語はまだそれほど知られておらず、また学問領域としての枠組みも十分には確立されていない。仮に〝環境〟を哲学・思想的に研究することを一般的に〝環境思想研究〟と呼ぶなら、それは今日に至るまで、むしろ圧倒的に環境倫理学(environmental ethics)として語られてきたと言ってよい。

環境思想研究はなぜ、倫理学として語られなければならなかったのか。そこには十分な理由がある。

というのもわが国では、そもそも環境思想研究が北米の環境倫理学の輸入という形で開始されたからである。その先駆けとなったのは、加藤尚武の『環境倫理学のすすめ』（加藤、一九九一）であろう(1)。加藤はここで環境倫理学が取り組む課題を「自然の生存権」――人間以外の生物や生態系、景観などに生存の権利を認めうるか、「世代間倫理」――未来世代の生存に対する現代世代の責任を説明できるか、「地球全体主義」――個人の自由選択の上位に現れるある種の全体主義をいかに扱うのか――という三つの命題として整理したが、この「加藤テーゼ」とも呼べる枠組みが、今なお多くの著作やテキストにおいて踏襲されているのは偶然ではない。

同書の刊行に関わる一九九〇年の前後は、オゾン層の破壊や地球温暖化といった地球環境問題、リオデジャネイロで開催された国連環境開発会議がクローズアップされ、〝環境〟というキーワードが改めて脚光をあびた時代であった。とりわけ重要なのは、この時代の環境概念には、北米を中心に形成されたエコロジー思想（ecologism）がきわめて強く結びついていたことである。そのエコロジー思想の根幹にあったのは、人間中心主義批判――われわれが環境問題と呼ぶ諸問題の根幹には、自然を人間の道具と見なし、一方的に人間の都合によって破壊、改変することを肯定する世界観があるということ、そして環境危機の真の克服には、人間を含むすべての生命が本質的につながりあっているということを示すエコロジー的な世界観を根底に据えた、価値観や社会的枠組みのラディカルな転換がなければならないとする考え――である(2)。当時盛んに取り上げられた、自然破壊に対する自然保護、原生自然の賛美、アニミズムの再評価、あるいは自然の権利、自然の内在的価値、生ける惑星としてのガイア、トランス・パーソナルといった概念は、いずれもこのエコロジー思想と密接な関係を持ってわが国に流入したものである(3)。つまり当時の時代状況として、環境問題を現実問題としていかに解決するのかということと並んで、潜在的にはこのエコロジー思想がもたらす強烈なインスピレーションをどのように受け止めていくのかという問題意識があったのである(4)。

北米では七二年に『環境倫理学』*Environmental Ethics* 誌が刊行されており、「加藤テーゼ」の下敷きになったのはこうした先行研究であった。ここでの問題は、それが本来純粋に倫理学者としての関心に基づいて整理されたものであったにもかかわらず(5)、結果的には単なる海外の学説紹介という意味合いを超え、エコロジー思想に含まれる複雑な論点を学問的に扱う際の実質的な既定路線となっていったことである。端的に言えば、「加藤テーゼ」が広まるにつれて、環境思想研究の学問的な主戦場は〝応用倫理学〟であるという認識が成立していったのである(6)。

確かにエコロジー思想そのものが倫理に対する強い志向性を持っていたこと、また人々をより環境主義的な行動へと動機づける説明原理として、当時の社会の側に倫理に対する強い期待があったことも事実である。その点において、環境思想が倫理学として語られなければならなかった理由は一つではない。しかし環境思想研究そのものが北米の環境倫理学説の輸入から始まったという事実は、やはり後の研究の方向性に非常に大きな意味を持っていたのである。

2　環境倫理学から環境哲学へ

その後の環境思想研究は、以上のような経緯もあり、著しく倫理学的な文脈に引き寄せられる傾向があった。しかしここで重要なことは、倫理学は本来エコロジー思想に含まれる諸命題を解題する、一つの方法に過ぎなかったということである。確かに環境倫理学はもともとエコロジー思想と密接な関係にあった。というよりも、環境倫理学における諸前提を提供したものこそがエコロジー思想だったのである。エコロジー思想の中心概念が人間中心主義批判であることは前述したが、それはわれわれが世界をいかに理解するのかという意味において、独自の体系的な〝哲学〟を含んでいた。つまりエコロジー思想はそれ自体で一つの〝環境哲学〟だったのであり、北米の環境倫理学説には、そこから引き出される諸命題を普遍的な倫理原則という形で学術的に論証するという側面があったのである(7)。例えば後に環境倫理学は、その学術体系そのものが大きな危機に直面したが、直接的原因は環境倫理学が土台としていた〝哲学〟、つまりエコロジー思想そのものの衰退にあったように思える。つまりこれまで議論の前提にあったエコロジー思想の体系が揺らいだとき、原生自然の保存や自然の内在的価値、全体論など、それに連関して発達した諸概念もまた、急速に当初の新鮮さを失っていったということである。

確かに「加藤テーゼ」が北米の環境倫理学説とともに普及した九〇年代以降においても、すべての環境思想研究が応用倫理学の既定路線を取っていたわけではなかった。例えば人間中心主義批判を基調としない環境倫理学の可能性や、倫理学に還元されない環境思想研究の試みを含め、実際には非常に多様な試みが存在していたと言える(8)。ただしそれらは既定路線と比べると概して散発的な試みであり、特定のまとまった方向性を提起する形では行われていなかった。

一つの節目として注目できるのは、二〇〇〇年代の中頃に「環境プラグマティズム（environmental pragmatism）」が紹介されたことである。「環境プラグマティズム」とは、人間中心主義批判や価値論をはじめとした高度に抽象的な従来の環境倫理学説を批判し、現場での実践や問題解決を重視する新たな環境倫理の試みであると言える(9)。それはある面ではこれまでの環境倫理学を根底から否定するほどの強い自己批判を含んでいたが、わが国ではむしろ、硬直した従来の議論に一石を投じる提案として、一時期多くの話題を呼んだ。ただし「環境プラグマティズム」が流行した背景を、単純に環境倫理学内部の自己反省という形で理解するべきではないだろう。前述のように、この問題の根幹にあったのはエコロジー思想そのものの衰退であり、ここから汲み取るべきことは、人間中心主義批判という概念から出発した一つの〝哲学的実験〟がその役割を終え、いまや新たなパラダイムを模索する時代が始まっているということなのである。

さて、筆者の実感としては、そうした経緯を経て、現在環境思想研究は大きく四つの方向性で研究が進められているように思える。第一は倫理学者を中心とした「応用倫理学としての環境思想研究」であり、ここではあくまで普遍的倫理原則の追求という方法論を維持しながら、いかに新たな議論を展開するのかが問われている。第二は「現場主義における環境倫理」であり、「環境プラグマティズム」の批判とも呼応しながら、ここでは現場の実践と結びつく環境倫理をいかに学問として追究するのかが問われている(10)。第三は、近年政治学の文脈で「エコロジー的近代化（ecological modernization）」をキーワードに海外の文献を積極的に導入する試みが見られ、やはり一つの動向として注目できる(11)。

そして第四が本書のめざす、〝倫理学〟としてではなく、より広義な〝環境哲学〟として環境思想研究を進めていく方向性である。これまで〝環境哲学〟という用語は、さまざまな論者によって、まったく異なる文脈の中で用いられてきた(12)。そしてその試みの一つとして、本書の研究グループが「環境哲学と社会哲学の架橋」を経て「環境哲学と人間学の架橋」へと議論を展開してきたことはまえがきでもふれた。確かに環境哲学に一致した定義を与えることは依然として困難であろう。しかしここでは敢えて、筆者の考える環境哲学の概観を示してみたい(13)。

2 環境哲学の学術的構造——環境思想、環境倫理学、エコロジー思想との関係

1 〝環境〟とは何か?

環境哲学に一つの枠組みを与えるためには、まずはここでの〝環境〟とは何か、ということから問われなくてはならない。用語としての〝環境〟は〝environment〟の訳語でもあるが、いずれも本来の意味は、特定の主体を想定した際の「めぐり囲む外界」である(14)。単なる〝外界〟を意味した環境概念は、一九六〇年代になって、化学物質、汚染、資源、人口、砂漠化といった諸問題が着目され、そこに〝環境問題〟という共通のカテゴリーが与えられることによって、おそらく初めて今日のニュアンスを持つようになった。ただしここに、人間と自然の調和と共生、保存すべき原生自然、地球市民の連帯といった含意が加わったのは、さらに後になって、エコロジー思想が環境主義を自然保護思想の伝統と結合させたことが大きく関わっていると言える。したがって、ここで出発点とすべき〝環境〟の基本的な含意とは、あくまで「(主体を)めぐり囲み、(主体が)影響を受け/影響を与える外界」という形で定めるのがよいだろう(15)。

ただしここからもわかるように、〝環境〟を論じるためには必ず〝主体〟が想定されなければならない。そしてここでの〝主体〟は、ひとまず〝人間〟であるということにしておきたい。これはエコロジ

ー思想に含まれていた一つの矛盾――一方で人間の〝脱中心化〟を図りながら、他方で知らず知らずのうちに人間が主体となった〝環境〟の改善を希求してきた――を一端解消するためでもある。人間以外の主体から見た〝環境〟を論じることはそれ自体で意味のあることであるが、われわれが環境哲学を論じる目的はまず何よりも、「環境の危機」が人間の直面している危機であるということを優先したい。

さらに〝環境〟の主体を人間とする場合、問題となる〝外界〟は、〝自然〟であると同時に〝社会〟でもあるということが重要である。エコロジー思想は人間を排除した〝自然〟の概念を強調してきたが、人間にとって論ずべき〝環境〟には、人間自身が造り出した〝社会〟という人工的な生態系もまた含まれなければならない。問われているのは〝人間〟か〝自然〟かではなく、〝自然〟、〝社会〟、〝人間〟をめぐる本質的な三項関係なのである。

2　環境哲学を定義する

以上を踏まえて、環境哲学はいかなる学問として定義することができるのだろうか。もっとも簡単な方法は「〝環境〟をめぐる哲学・思想的アプローチに基づく研究」と言うことであるが、ここではその問題領域をより明確にするために、柱となる〝三つの問い〟というものを想定してみたい。すなわち①〈われわれが環境危機と呼んでいる事態の本質とは何か〉、②〈環境危機に直面した現代とはいかなる時代であり、そこに生きる人間存在の本質をいかなる形で理解するのか〉、そして③〈そもそも環境とは何か〉である。

まえがきの注でもふれたが、哲学の役割として重要なことは、物事の本質を問題とし、俯瞰的な眼差しからその本質の構造を理論的に浮き彫りにしていくことである。したがって環境哲学は、われわれが問題としている〝環境〟を定義し、〝危機〟の本質とは何かを問題としていかなければならない。ただし何を〝危機〟と見なし、またその中で何を本質として取り上げるのかということについては、さまざまな問題設定の余地がある。ここに環境哲学の学問としての潜在力があるとも言えよう。環境哲学の目的の一つは、われわれが生きるこの現代という時代を読み解くための手掛りを提供することである。それは新しい時代を見据え、新しい社会を構想していくための手掛りであると言ってよい。そのためには当然、人間というものに対する深い洞察がなければならない。ここにすでに環境哲学と人間学の潜在的な接点があるのである。

3　環境思想、環境倫理学、エコロジー思想、それぞれの位置づけ

次に、環境哲学の立ち位置をより明確にするために、環境思想、環境倫理学、エコロジー思想といった関連する基礎概念との相違点について考えてみたい。

まず〝環境思想（environmental thoughts）〟であるが、これは「〝環境〟をめぐる諸々の思索や洞察」という形でもっとも広い概念として理解したい。〝環境哲学〟は〝環境思想〟の部分集合であり、その条件となるのは、そこに哲学の特質となる「特定の対象について抽象的に掘り下げ、特定の理論的な枠組みを設定することで、そこから首尾一貫した体系的な議論を構成していく」側面があるかどうかである。例えば〝詩〟や〝散文〟という形式で〝環境思想〟を表現することは可能であるが、それを〝環境哲学〟として提示するためには、やはりそこに理論的に一貫した論述がなくてはならない。

図1

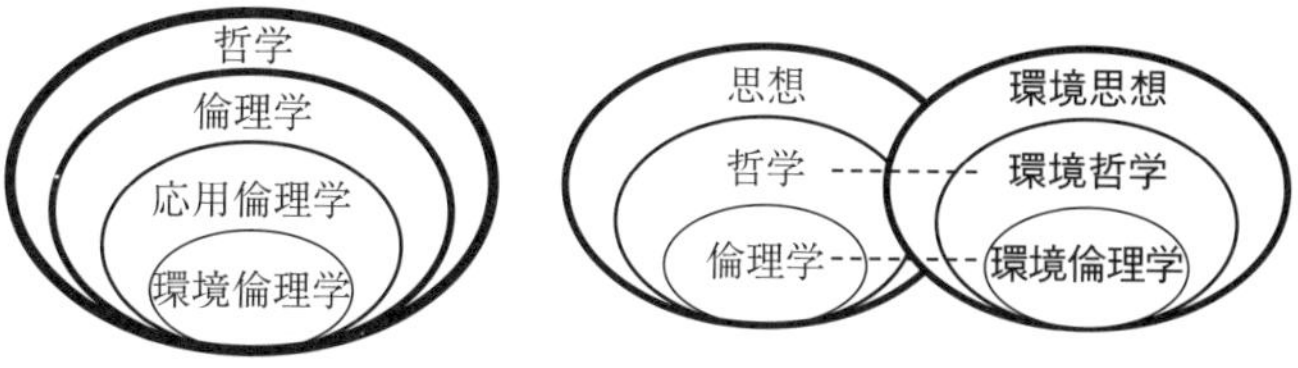

左は従来の「応用倫理学の個別課題としての環境倫理学」の位置づけ。右は〈環境思想－環境哲学－環境倫理学〉の三層構造を用いた新しい基礎概念の位置づけ。環境哲学は環境思想と環境倫理学を媒介するものとして位置づいている。

　次に〝環境倫理学〟は、ここでは逆に〝環境哲学〟の部分集合として理解したい。これは一般的な哲学と倫理学の関係に相当する。つまり「特定の対象に関するあるべき形」を問題にするためには、必ず「その対象をいかなる形で理解するのか」という前提が不可欠であるということである。このことは環境哲学における主たる議論の対象が、いわば環境倫理を論じていくための理論的前提に相当するということを意味している。

　ここで注目して欲しいのは、以上のように捉えると、環境思想研究の射程は〈環境思想―環境哲学―環境倫理学〉という入れ子構造として描かれ、環境哲学は環境思想と環境倫理学の中間レベルとして両者を媒介する位置にあるということである（図1）。これはかつて環境思想研究が「応用倫理学としての環境倫理学」と同一視され、〈哲学―倫理学―応用倫理学―環境倫理学〉という入れ子構造の中で位置づけられていたのとは、かなり異なる理解である。

　最後にエコロジー思想であるが、ここでようやく本論がそれを一つの〝環境哲学〟と捉える意図が明確になっただろう。われわれは先に環境哲学における三つの課題について言及したが、実はエコロジー思想はこれらすべてに対して、人間中心主義批判から独自の回答を持っていた。

つまり人間中心主義こそが環境危機の根源であり、問題とすべき〝環境〟を、人間を脱中心化した生命世界として理解し、現代を人間中心主義が高度に全面化した危機の時代であるとともに、エコロジー的世界観を基礎とする自然と人間が真に調和した社会への移行の時代として描いたようにである。前述のように北米の環境倫理学は、ここにある〝哲学〟的枠組みから本来切り離して考えることができないものであった。環境倫理学が人間以外の生命や未来世代までをも包括した高度に抽象的な倫理学として構想されたのは、その背景に確固とした一つの環境哲学が存在していたからなのである。

これまで何度か指摘してきたように、これからの環境哲学の課題は、このエコロジー思想の限界を踏まえつつ、いかにしてそれに代わる新しい環境哲学の枠組みを構築できるかということになる。ただし、エコロジー思想が環境哲学において果たした役割や、その思想が持つ優れた着想については、これからも適切に評価されるべきである。例えば「環境哲学と人間学の架橋」という観点から言えば、ソローに始まりネスへと続く、エコロジー思想に含まれていた人間学的側面は、今日においても参照すべき価値あるものであろう(16)。

3 環境哲学の包括的枠組み――〈人間〉、〈自然〉、〈社会〉の三項関係

1 〈人間（ヒト）〉、〈自然（生態系）〉、〈社会（構造）〉

さて、ここからは新たな環境哲学を構想するにあたり、個別的な問題というよりは、理論的な骨格になりうる包括的な論点について考えていきたい。ここで取り上げたいのは、おそらく環境哲学を論じる

上でもっとも根源的な要素概念となる〝人間〟、〝自然〟、〝社会〟の関係性をどのように位置づけるのかということである。ただしこの作業を本格的に行うには紙幅の関係があるため、ここでは文献の参照は最小限とし、重要だと思われる論点を中心に順番に取り上げていくという形で見ていきたい。

まずは「三項関係」を考えるにあたり、それぞれの要素ごとに考えてみよう。最初に〈人間〉であるが、哲学において人間を定義する方法は無数にある。とはいえここで問題になっている〈人間〉とは、あくまで〝社会〟と〝自然〟とを含んだ〝環境〟の主体となる人間であるというところに着目してみよう。そこから浮かび上がるのは、〈人間〉が一方では生物学的な「ヒト」として規定されると同時に、他方で社会・文化的要因よっても規定される二重性を持っているということである。

人間は、いかなる状況下に置かれても、生命存在としての「ヒト」の特性から完全に自由になることはできない。それは人間の〝内なる自然〟、長い進化の過程における自然生態系との相互作用によって獲得された生物学的基盤だからである。しかし他方で、人間は生まれながらにして「ヒト」ではあっても、例えば言語や行動様式といったように、社会・文化的な経験を経なければ、社会的存在としての「人間」の特性を身につけることはできない。つまりここでわれわれが〈人間〉と呼んでいるものは、「ヒト」を内側に含みつつも、あくまでこうした社会・文化的な文脈の中で具現化する社会的存在としての「人間」であり、ここではそれを〈人間（ヒト）〉と呼ぶことにしたい(17)。

次に〈自然〉について考えてみよう。実はこの〝自然〟という概念は、もっとも混乱が多いものの一つである。例えば〝自然〟は、古くからの日本語の用法では「人為によらない、おのずからなる」という意味であって、それ以外のほとんどの用法は翻訳語の元となった〝nature〟に由来している。また

〝nature〟といっても、古くは「誕生、起源、本性」などを意味し、近代になってようやく〝自然界〟というニュアンスで用いられるようになったらしい(18)。しかもそれはどちらかと言えば〝万物〟や〝宇宙〟に近いものであって、「人の手が入らない原生自然」や「緑豊かな里山の風景」といったイメージは、やはり自然保護思想やエコロジー思想の影響を受けて形成されたものであると考えるべきである。

もっとも、ここで問題にしている〈自然〉とは、あくまで「人間が影響を受け／影響を与える外界」としての自然環境である。したがって、それは動植物や微生物、気候や土壌、海洋などが複雑な相互作用によって形成する自律的な秩序、すなわち〈自然（生態系）〉という形で限定する方が適切だろう(19)。〈自然（生態系）〉は階層的な入れ子構造を持っており、一番大きなスケールとしては地球生命圏を、またその内部にはさまざまなスケールに応じてローカルな生態系を想定することができる。そして〈自然（生態系）〉はすべての要素の中でもっとも基底にあるものであり、〈人間（ヒト）〉も〈社会〉もその制約から切り離して考えることは不可能である。

最後に〈社会〉であるが、一般的に〝社会〟という場合、それは「集団、仲間、世間」といった意味合いで知られている(20)。ただしここでの〝社会〟もまた、あくまで「人間が影響を受け／影響を与える外界」としての人工的な環境である。したがって、ここで重要となるのは、単なる集団としての〝社会〟ではなく、人間が自ら造り上げたものでありながら、同時に人間自身を規定する、そして人間によって絶えず改変されながら、集団を媒介して次世代に継承されていく、こうした特質を持つ〝社会〟の局面である。注目したいのは、このように〝社会〟を理解する場合、そこには少なくとも「社会的構造物」、「社会的制度」、「シンボル／世界像」といった、まったく性質の異なるものが含まれているということである。

まず「社会的構造物」とは、〈人間（ヒト）〉が〝生活〟を実現させるために〈自然（生態系）〉を改変し、人工的に造り出した物質的基盤のことである。代表的なものとしては人間が使用する〝道具〟が挙げられるが、他にも農耕地や建築物、都市などの人工環境、現代においては電気や水道、あるいは光回線など、一般的にインフラと呼ばれるものがここには含まれる。

次に「社会的制度」とは、「社会的構造物」に対する人工的な〝非物質的基盤〟とも言える、人間集団を効率的に組織化するために作られた〝仕組み〟のことをさす。代表的なものとしては〝法律〟が挙げられるが、他にも行政を組織化する官僚制、経済活動を組織化する市場経済といった場合も、ここではこの範疇に含まれると考えられる。

最後に「シンボル／世界像」とは、「社会的制度」と同様に人工的な非物質的基盤であるが、〝制度〟ではなく、人間集団に共有されている〝概念〟あるいは〝シンボル〟の総体のことをさす(21)。われわれは物事を理解し認識する際、常に前提となる何らかの〝解釈の枠組み〟を用いているが、それは〝概念〟や〝シンボル〟を媒介とした〝意味〟の蓄積によって形成されるものである。代表的なものとしては〝世界観〟や〝自然観〟と言ったものが挙げられるが、ここではそれらの〝解釈の枠組み〟を総称して「世界像」と呼ぶことにしたい。

以上はいずれも異なる性質を持っているが、いずれも先の〝社会〟の定義に当てはまるものである。ここではこれらをまとめて〈社会（構造）〉と総称することにしよう(22)。

2　人類史における「三項関係」の変容過程

さて、ここからはこれまで見てきた〈人間（ヒト）〉、〈自然（生態系）〉、〈社会（構造）〉という三つの要素の、特に〝関係性〟について焦点を当てて考えてみよう。その際重要なのは、この「三項関係」が人類史において、いくつかの段階を踏んで変容してきたということである。

最初に、およそ二〇万年前のホモ・サピエンスの成立以後、約一万年前に農耕社会が現れるまでの〝狩猟採集社会〟における「三項関係」について見てみよう。この時代のもっとも重要な特徴は、〈社会（構造）〉の影響力がそれほど大きくなく、〈人間（ヒト）〉と〈自然（生態系）〉との〝直接的〟な相互作用が依然として強く働いていたということである。この相互作用とは、一方ではホモ・サピエンスが成立する以前から続く「ヒト」を形成する圧力、端的には〈自然（生態系）〉からの自然淘汰であり、他方では〈人間（ヒト）〉が〈自然（生態系）〉に与える直接的な攪乱であると言える。もっともここに〈社会（構造）〉の要素がまったくなかったわけではない(23)。狩猟採集社会においても、人間は道具を製作・使用していたし、集団生活の中で労働を組織化し、資源を分配し、さらに装飾品や儀式などからもわかるように、対象に意味を与え、生活世界をさまざまな概念の枠組みで理解していたからである(24)。

この「三項関係」が最初に大きく変容する契機となったのは、およそ一万年前に起った「農耕の成立」である(25)。それを人類史の「第一のターニングポイント」と呼んでも間違いではないだろう。なぜなら「農耕」の本質とは、「三項関係」から見た場合、〈人間（ヒト）〉が〈自然（生態系）〉の上に〝人工的な食物網〟という「社会的構造物」の層を造り上げ、それを社会的に管理していくことだと言えるからである。「農耕」は、それを維持していくための一歩進んだ〈社会（構造）〉の様式を作り出す。例えば〝都市〟は、その高い生産力と〝定住〟という宿命によって作り出された、それ自体一つの「社会的構造物」である。そしてこの〝都市〟を中心に、大規模化した集団を組織化していくための複雑な「社会的制度」や、暦や宗教といった自然や人間に対する知識を体系化したきわめて複雑な「シンボル／世界像」が形成されていく。それはわれわれが、一般的に〝文明社会〟と呼んでいるものである。

ここには二つの重要な論点が含まれている。第一に、ここでは「農耕の成立」が引き金となり、これまで限定的な影響力しか持っていなかった〈社会（構造）〉の〝層〟が非常に分厚いものとなり、それ自体が独立した一つの〝実体〟として、「三項関係」の中で強い影響力を持つようになったということである。おそらくこの段階で、〈人間（ヒト）〉と〈自然（生態系）〉の〝直接的〟な相互作用は大部分が事実上失われ、両者は常に〈社会（構造）〉によって媒介される〝間接的〟なものへと移行した。ここでは、人間の行動の大部分がその土台となる〝人工生態系〟の内部で組織化されるようになり、自然災害や外部からの影響も、やはりまずもって〝人工生態系〟への脅威として展開されるようになるからである。確かに「農耕の成立」以前においても、人間は道具を使用し毛皮を身につける等、ある面では〈社会（構造）〉による〝間接化〟が進行していたとも言える。しかしその後の事態から見れば、それはあくまで限定的なものだったのである。

ただし第二の点として、たとえ「農耕」が〈社会（構造）〉を〝自立化〟させたとしても、それは依然として〈自然（生態系）〉と密接に連動するものだったということである。それはこの時代の代表的な「社会的構造物」が、農耕地という〝二次的自然〟であったことからもわかるだろう。また古代文明のいくつかが、実際に環境への適応に失敗することで滅亡したと言われるように、〈人間（ヒト）〉は常にローカルな〈自然（生態系）〉の変化を敏感に捉え、あくまで〈自然（生態系）〉に合わせて、〈社会（構造）〉を調整していく必要があったのである(26)。

この「三項関係」がさらに大きく変容したのは、およそ三〇〇年前にヨーロッパで生じた「産業革命」であり、これがおそらく人類史における「第二のターニングポイント」である。もっともここで言う「産業革命」とは、工場制機械工業の出現といった生産方法の変化ではなく、〈社会（構造）〉を駆動させるエネルギー基盤の転換のことをさしている。例えば「産業革命」以前、社会を動かすエネルギー基盤は、畜力、人力、水力、風力といった〝再生エネルギー〟であり、それは〈社会（構造）〉に対する一種の〝生態学的制限〟であったと理解することができる。しかし化石燃料の最大の特徴は、自然生態系本来の物質循環やエネルギー代謝とは異なるエネルギーフローを形成すること、端的には地中から効率よく採掘ができさえすれば、一見〈自然（生態系）〉の制約にとらわれず、無制限に〈社会（構造）〉を膨張させることができるように見える、ということであった。それに拍車をかけたのは近代的な科学技術の爆発的な進歩であり、その根幹にあったのは、まさに予測とコントロールへの志向性である。ここにおいて〈自然（生態系）〉は、〈社会（構造）〉が適応すべき対象ではなく、〈社会（構造）〉固有の力学や論理に基づいて、適切にコントロールされるべき対象となったのである。やや象徴的な表現を用いるなら、ここで生じた「三項関係」の変容の本質とは、化石燃料と科学技術をその契機として、〈社会（構造）〉が一方的に〈自然（生態系）〉からの連結を〝切断する〟という事態だったのであ

図2　〈人間（ヒト）〉、〈自然（生態学）〉、〈社会（構造）〉をめぐる「三項関係」の構造変化

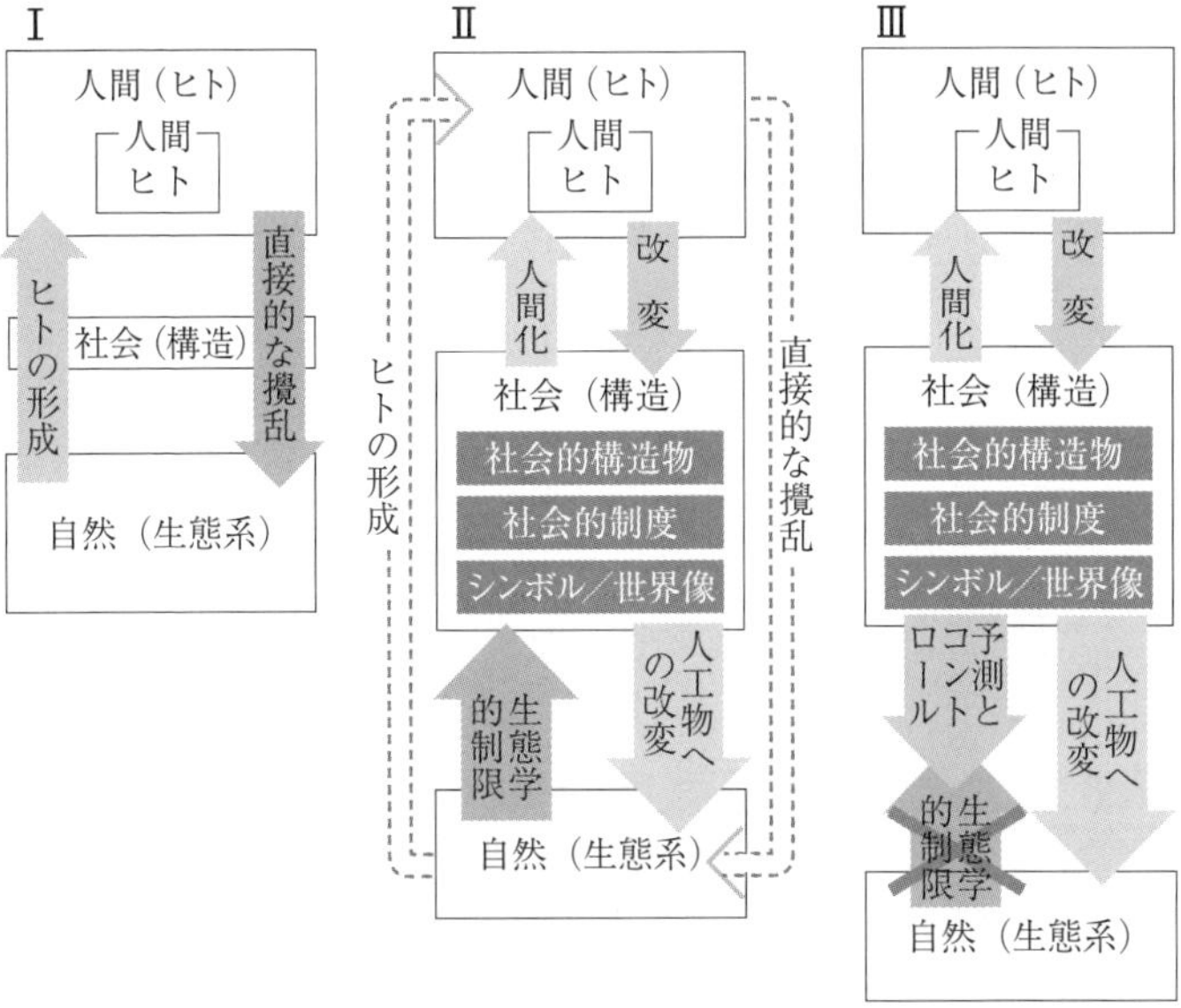

〈人間（ヒト）〉、〈自然（生態系）〉、〈社会（構造）〉をめぐる「三項関係」の構造変化。左からⅠ「農耕の成立」以前、Ⅱ〈人間〉と〈自然〉の“間接化”が生じた「農耕の成立」以後、Ⅲ〈社会〉と〈自然〉の「切断」が生じた「産業革命」以後の形を表している。

る。

　もっともその「切断」が、実は見かけ上のものに過ぎなかったということは、現代に生きるわれわれにとっては自明だろう。〈社会（構造）〉はいかに巨大で緻密なものになろうとも、結局は〈自然（生態系）〉の制約から逃れることはできない。それをわれわれに気づかせたのは、他ならない環境危機である。

　さて、以上を通じてわれわれは、〈人間（ヒト）〉、〈自然（生態系）〉、〈社会（構造）〉をめぐる「三項関係」の変容過程を人類史の中から見てきた（図2）。この「三項関係」の枠組みを用いることによってわれわれは、「環境の

危機」の本質が「農耕の成立」と「産業革命」という二つのターニングポイントをへて人類が到達した、一つの重要な歴史的局面であることが理解できよう。実のところ〝持続可能な社会〟への移行を希求する現代とは、前述のように形作られた「三項関係」を、さらに〝新しい形〟へと再編することを試みる「第三のターニングポイント」に相当するのである。

4 人間学への架橋のための展開――「生活世界」と「生の三契機」の概念

1 「生活世界」を基点とした「三項関係」と環境危機

ここからは、これまで見てきた「三項関係」の枠組みを人間学へと接合させるために、新たな包括的概念を導入してみたい。手掛りとなるのは、これまで論じてきた原理的な意味での「三項関係」の枠組みを、今度は〝等身大の人間の世界〟に結びつけて考えてみることである。

ここで「生活世界」という新しい概念を導入してみよう。「生活世界」とは、〝生活者〟としての人間にとって、具体性とリアリティを伴って等身大に現前している世界のことをさしている(27)。「生活世界」の具体的なイメージを持つためには、現代社会よりはむしろ、わが国でも古くから続いてきた〝伝統的な社会〟における生活様式を想起してみるのがよいだろう。なぜなら伝統的な社会に生きる人々にとって「生活世界」とは、自ら営む農耕地や、資源を採集するローカルな山林や河川、また互いに協力し、折り合いをつけなければならない集落の構成員といったものの総体であり、そこにはきわめて明確な具体性とリアリティが備わっていたと考えられるためである(28)。

これを「三項関係」の枠組みから見てみると、そこで生きる〈人間（ヒト）〉は、もっとも基底となるローカルな〈自然（生態系）〉の上に、生活を実現するための〈社会（構造）〉を形作り、それを舞台としながら集団生活を実現させていたことが明確に理解できる。このとき〝環境〟とは、彼らを取り囲み、彼らを実存させている〈自然（生態系）〉と〈社会（構造）〉の連続体のことであり、「生活世界」はまさに、この「三項関係」の接合点に位置しているのである。

2 「生の三契機」――〈生存〉、〈存在〉、〈継承〉

次に考えてみたいのは、そもそも〈生活〉とは何かということである。注目したいのは、およそ人間の〝生活〟である限り、そこにはいかなる時代においても、またいかなる文化においても、以下の〝三つの契機〟がおそらく何らかの形で必ず含まれているということである(29)。

第一は〈生存〉を実現すること、すなわち生物学的基盤を持つ「ヒト」の宿命として、必要物を確保し、そのための道具の製作や素材の加工を行っていくことであり、その核になる人間学的概念は「労働（人間―自然関係）」である。

第二は〈存在〉を実現すること(30)、すなわち他者とともに集団を構成し、社会的に自らの存在を具現化する「人間」の宿命として、集団の一員として自己存在を形成すると同時に、構成員との間の情報共有や信頼の構築、集団としての意志決定や役割の調整を行っていくことであり、その核になる人間学的概念は「コミュニケーション（人間―人間関係）」である。

そして第三は〈継承〉を実現すること、すなわち避けることができない個体の死に伴う宿命として、

図３　「生活世界」を基点とした「生の三契機」

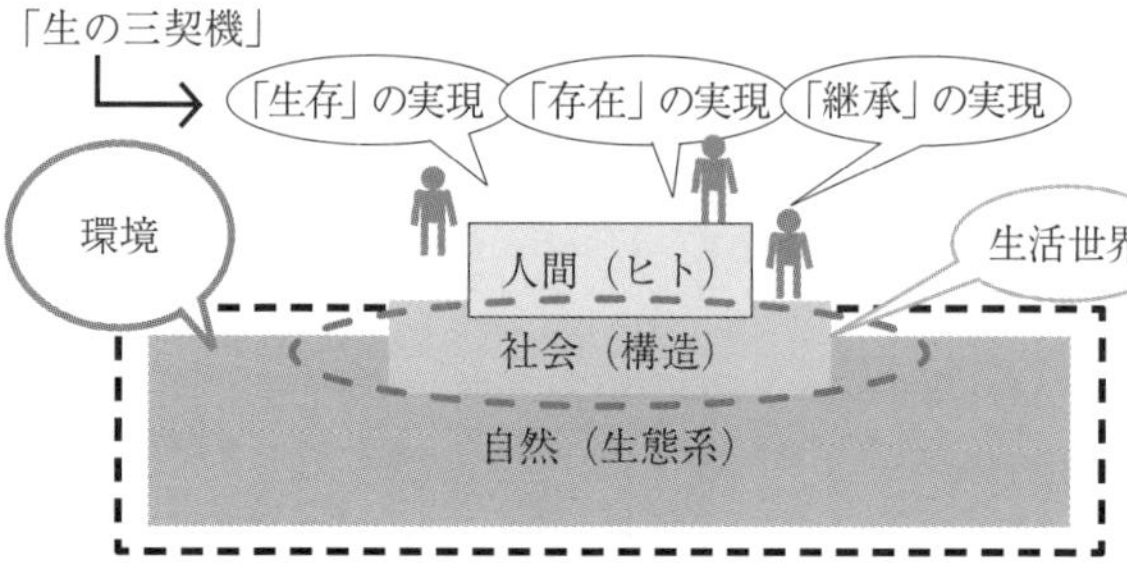

自らが受け継いだ〈生存〉と〈存在〉のための基盤を、改良しながら十全に次世代へ引き渡していくことである[31]。

注目したいのは、これら「三契機」が、〈生活〉の文脈においては本来切り離すことができないものであったということである。例えば人間が本質的に〈存在〉の実現を必要とするのは、〈生存〉を実現するためには〝集団の力〟が必要だったからである。そして〈生存〉と〈存在〉を実現することが容易ではなかったからこそ、人間は「生活世界」を舞台に〈社会（構造）〉という〝舞台装置〟を作り出した。ただし、どれほど精巧に〝舞台装置〟を組み上げられたとしても、それを次世代に〈継承〉することができなければ、やはり集団は崩潰してしまうだろう[32]。実際われわれの多くがつい半世紀前まで営んできた伝統的な生活様式を見てみると、例えば日用品を製作する、田植えをする、屋根を葺く、寄合を開く、道や水路などの共有物を補修する、祭りや葬式の準備をする、といったように、彼らの日常的ないかなる労働、生業、慣習、行事、儀礼をとっても、何らかの形でこの「三契機」が結びついていたことが理解できる[33]。このとき人間にとって〝生きる〟とは、まさに「生活世界」を舞台として、この「三契機」を十全に実現していくことに他ならなかった[34]。この「三契機」を「生の三契機」と呼ぶのはそのためである（図３）。

このように考えることで、われわれは環境危機というものに対するもう一つの観点をえることができるだろう。すなわち〝生活者〟としての等身大の人間にとっての「環境の危機」とは、「生の三契機」を実現させる〝場／空間〟である「生活世界」に対してもたらされる脅威、あるいは「生の三契機」の実現そのものに対する脅威としても理解できる、ということである。

3　現代社会における〝環境〟と〝人間〟

それでは現代を生きるわれわれにとって、「生活世界」や「生の三契機」はどのようなものになっているのだろうか。われわれは先に人類史的射程のもとで、〈人間（ヒト）〉、〈自然（生態系）〉、〈社会（構造）〉をめぐる「三項関係」の変容過程について見てきた。ここで重要なことは、この原理的な面での「三項関係」の変容に従い、やはり「生活世界」の実像や「生の三契機」を実現するための様式もまた、変容してきたということである。

例えばわれわれは現在、きわめて高密度に発達した〈社会（構造）〉の中で生きており、とりわけそれは、化石燃料と科学技術に支えられた「社会的構造物」が、市場経済システムや国家行政システムといった近代的な「社会的制度」と融合し、極端なまでに突出した世界であるということができる。近年の変化として特筆すべきは「情報化社会」の出現であり、それはインターネットや情報機器が融合した〝情報システム〟という形で、いまや市場経済システムや国家行政システムに並ぶ、近代的な人工生態系を駆動させる〝第三の歯車〟とでも呼べるものとなっている。

先に見たように、「環境の危機」の一つの側面は、〈自然（生態系）〉から一端切り離されてしまった

〈社会（構造）〉が、〈自然（生態系）〉との〝整合性〟を失いながらも、依然として膨張し続けている事態として理解できる。そして〈社会（構造）〉が〈自然（生態系）〉に対してもたらす撹乱が、最終的に予測不可能な環境劣化や自然災害といった形で再び〈社会（構造）〉に跳ね返り、われわれの〈生活〉の実現に対して大きな脅威になっているわけである。

しかしこの事態は、おそらく同時に「人間の危機」にも結びついている。なぜなら歯止めを失った〈社会（構造）〉の膨張は、いまや〈自然（生態系）〉だけでなく、〈人間（ヒト）〉との〝整合性〟をも失いつつあるように見えるからである。つまり本来「生の三契機」を実現させるためのものだった〈社会（構造）〉は、形式的には人々に高度な便益を供給しているように見えて、実は本質的な部分においては、〈生活〉の文脈を切断し、矮小化させ、すでに「生活世界」は多くの面で実体を失いつつあるのではないかということである。

現代社会に生きる〈人間（ヒト）〉にとって〈社会（構造）〉はあまりに巨大であり、すべての人々が先の〝三つの歯車〟に繋がれながら、〈自然（生態系）〉との結びつきはおろか、誰一人としてその〝全体像〟を理解できずに生きている。われわれは確かにここで、〈生存〉を実現させ、〈存在〉を実現させ、〈継承〉を実現させているにもかかわらず、それぞれの文脈は〝歯車〟として現れる「機能的な社会的装置」にあまりに深く、また複雑に埋め込まれているために、それぞれの契機は分断され、われわれに実感できる形での具体性とリアリティを担保できなくなっているわけである。

人類史上、確かに人間は、常に新たな環境に進出し、また新たな環境を生み出し、その都度高度な適応能力を発揮してきた。しかし人間には、「ヒト」という形で本来想定されていた〝自然さ〟の限界が必ずある。現代社会が直面しているこの〈人間（ヒト）〉と〈社会（構造）〉の解離が意味するもの、そしてそこから派生するさまざまな矛盾、それらを読み解いていくことによってはじめて、おそらくわれわれは「人間の危機」として現れているものの本質に到達できるだろう(35)。

おわりに

以上を通じて、われわれは環境哲学の学術的前提や基本構造からはじめ、後半ではエコロジー思想に代わる環境哲学の枠組みを構築することを念頭に置きながら、包括的な視点から〈人間（ヒト）〉、〈自然（生態系）〉、〈社会（構造）〉をめぐる「三項関係」、あるいは人間学への架橋を意識した「生活世界」や「生の三契機」といった概念の導入を試みてきた。ここで示した概念や理論的枠組みは、哲学的には必ずしも十分なものではないが、これを基点として、さまざまな議論を展開していく〝足掛り〟としては十分であろう。ここで示した「環境の危機」の本質や「人間の危機」に対する問題の設定方法は、一つではない。むしろ本章で示した枠組みは一つの〝参照点〟であって、そこからさまざまな環境哲学の枠組みが議論されるべきであろう。

とはいえわれわれが生きる現代社会が「第三のターニングポイント」を迎えており、新しい社会の枠組みが必要とされているという点については、おそらく本書の執筆者全員が共有していると思われる。そしてわれわれが真の意味で〝持続可能な社会〟への移行を達成するためには、おそらく人間の問題は避けて通れない。その意味でも環境哲学には「人間の本質とは何か」を問う、人間学が不可欠なのである。われわれは過去の時代に戻ることはできない。しかしわれわれが〝新しい社会の枠組み〟を構想するためには、一度は必ず〈人間〉、〈自然〉、〈社会〉、そして〈生活〉への〝本質〟に立ち返らなければならないということである。本章の後半で言及した「生活世界」の構造転換や「機能的な社会的装置」は、「人間の危機」を理解する上で重要な点であると筆者は考えている。これらの論点については、各論（第七章）において再び取り上げたい。

●注

1 他にも北米の環境倫理学にいち早く呼応した文献として［間瀬、一九九二］、あるいは環境倫理学を批判しながら「生命学」を提唱しようとした［森岡、一九八八］などがある。（尚、単に著者と著作を取り上げる場合は［ ］で示した。以下同様。）

2 このエコロジー思想は、一九六〇年代から一九七〇年代にかけて北米を中心に形成された環境主義に、一九世紀以来の原生的自然の保存を志向する自然保護思想の伝統が結合することによって現れた。〝環境〟と〝エコロジー〟はそもそもまったく異なる概念として出発したものであったが、このエコロジー思想——科学としてのエコロジーからイデオロギーとしてのエコロジー（ドブソン、二〇〇一）へと転化したもの——こそが両者を結びつけたと言える。エコロジー思想はその後ネス・Aを中心とするディープ・エコロジーのように、存在論的な方向性に展開された一方（ネス、一九九七）、人間中心主義批判への反発などから、例えばブクチン・Mのソーシャル・エコロジー（ブクチン、一九九六）を含む「社会的なエコロジー思想」のように、必ずしも人間中心主義批判に還元できないさまざまなグループや言説をもまた生み出していった。西欧では、後にそれがより実践的な形で〝政治的エコロジー〟として展開されていったことはよく知られている。

3 これらのキーワードにはそれぞれに重要な含意があるのだが、今回は詳細な説明を省略したい。

4 当時の多様な関心は、［小原、一九九五］にもよく現れている。

5 加藤が先の三点を取り上げたのは、それらがまさに近代倫理学に含まれる根源的な諸前提に抵触し、倫理学的にきわめてセンセーショナルな意味を持っていたからであった。

6 ここで応用倫理学とは、倫理学において論究されてきた原理や方法を〝応用〟することで、現代社会における具体的な倫理問題の解決をめざす倫理学のサブカテゴリーのことをさしている。このことは環境思想研究が、例えば医療倫理や情報倫理といったものに並ぶ、応用倫理学の個別テーマとなることを意味した。

7 しばしば環境倫理学の目的が環境行動への倫理学的正当化であるとの認識が見られるが、そこには誤解が含まれているように思える。北米の環境倫理学には、［ナッシュ、一九九九］のように、環境危機を引き金として倫理の〝進化〟、倫理学の根源的なパラダイムシフトが開始されつつあるというような、単なる〝正当化〟には還元できない問題意識が少なからず含まれていたと考えられるからである。

8 例えば人間中心主義批判を採用しない環境倫理の追求として［鬼頭、一九九六］、風土論との結合を試みた［亀山、二〇〇五］、またエコロジー思想を批判的に参照しながら非倫理学的な環境思想研究を試みたものとして［尾関、一九九六］、［西川、二〇〇二］、［笹沢、二〇〇三］、「社会的なエコロジー思想」、特にエコ・マルクス主義に連動する問題意識を展開させた［岩佐、一九九四］や［島崎、二〇〇七］、エコ・フェミニズムを取り入れつつ環境政治理論を提起した［丸山、二〇〇六］、逆にディープ・エコロジーの思想としての積極性を提起した［ドレイグソン・井上、二〇〇一］、あるいは人間と環境に関する独自の哲学を追究した［桑子、一九九九］などが挙げられる。

9　「環境プラグマティズム」をわが国で最初に紹介したのはおそらく［白水、二〇〇四］であるが、それはもともと北米の環境倫理学内部で生じた自己批判として九〇年代に提起されたものであった（Light and Katz, 1996.）。

10　わが国では［鬼頭、一九九六］の系譜が環境社会学へと引き継がれ、「環境プラグマティズム」とは異なる文脈からこの方向性が模索されてきた側面がある（鬼頭・福永、二〇〇九）。また合意形成論としての側面も備えた［桑子、二〇〇五］や［亀山、二〇〇五］、〝都市〟に着目することで新しい環境倫理学の枠組みを模索した［吉永、二〇一四］も注目できる。

11　例えば［松野、二〇〇九］は、「環境思想」を掲げてこの方向性を積極的に進めている。

12　例えば［尾関、一九九六］、［西川、二〇〇二］、［笹沢、二〇〇三］、［桑子、二〇〇五］など。

13　それは既存の哲学的言説を〝環境〟に応用する〝応用哲学〟にはとどまらない、独自のパラダイムを志向する個別の学術領域としての環境哲学である。

14　『日本語源広辞典』、『英語語源辞典』などを参照。

15　ここでは踏み込まないが、環境は主体となる生物によって異なる形で規定されるとする「環世界（Umwelt）」の概念もある（ユクスキュル・クリサート、二〇〇五）。

16　この〝エコロジー的人間学〟の系譜は、［ソロー、一九九五］、［レオポルド、一九九七］、［ネス、一九九七］へと継承されている。

17　「人間（ヒト）」という表記は、動物学者の小原秀雄の議論に触発されたものである。本論では、例えば「人工生態系としての農耕」といった発想をはじめ、他にも多くの点で小原の議論から示唆をえている（小原、二〇〇〇）。

18　『哲学・思想辞典』、他にも［寺尾、二〇〇二］などを参照。

19　この限定を行わないと、例えば〝人間〟も〝自然〟の一部であり、〝社会〟もまた、〝自然〟の一部である〝人間〟が作り出したという意味ではやはり〝自然〟であり、したがって三項関係を論じることそのものが誤りであるといった、混乱した議論に陥ることになる。

20　『広辞苑』。ただし社会科学における〝社会〟には、例えばマルクス主義における「経済的機構」のように人間を規定する枠組みとしての社会、社会学におけるシンボル体系としての社会といったように、さまざまな定義の仕方がある。本論ではこうした〝社会〟のニュアンスは〈社会（構造）〉の構成要素という形で再編されている。

21　例えば個々の具体的な法律は「社会的制度」だが、〝法〟という概念は「シンボル／世界像」である、と考えるとわかりやすいだろう。

22　この〈社会（構造）〉は、いわゆる〝文化（culture）〟の概念とも共通点がある。ただしここではこの点については踏み込まない。

23　この〈社会（構造）〉というものがいつ現れたのかという問いは興味深いが、ここでは踏み込む余裕はない。少なくとも言えることは、〈社会（構造）〉を作り出す能力は「ヒト」の持つ重要な特性の一つであって、それは長い進化の過程で形成されてきたものであるということである。例えば単純な道具の製作や行動の組織化、資源の分配ならば人間に限らず哺乳類にも見られる。しかしこうした〈社会（構造）〉の要素が、世代を越えて徐々に蓄積され、一つの独立した実体を持ちながら、自然淘汰とは異なる形で人間自身を規定し変容させるという点は、ホモ・サピエンスの重要な特徴であると言える。

24　狩猟採集社会の生活については古典的名著として［サーリンズ、一九八四］があるが、他にも概観を知るためのものとして［木下・浜野編、二〇〇三］などが挙げられる。

25　ここでの「農耕」には、植物の〝栽培化〟だけでなく、広い意味で大型哺乳類の〝家畜化〟も含んでいる。

農耕の起源については、近年かなり詳しい研究が行われている〈ベルウッド、二〇〇八〉。

26 古代文明に関する記述として［ポンティング、一九九四］、気候変動への適応として［フェイガン、二〇〇五］を挙げることができる。

27 「生活世界」の概念は後述の「機能的な社会的装置」の概念と対になり、もともとはハーバーマスの「生活世界（Lebenswelt）」／「システム（System）」の対概念を念頭に置いたものである（ハーバーマス、一九八七）。ここにはハーバーマスが前提しているシンボル体系としての「生活世界」を〝生活〟概念の再考によって刷新するという問題意識も含まれている。

28 ここで念頭に置いているのは伝統的な農村であるが、社会学・文化人類学的な文献として例えば［鳥越、一九九三］や［米山、一九六七］、［宮本、一九八四］などが挙げられる。

29 「生の三契機」に関するより詳しい説明については［上柿、二〇一五］を参照。

30 〈存在〉という語のもっとも基本的な含意は、「ある、または、いること、および〝あるもの〟」であり（『広辞苑』）、哲学的概念としての〝存在〟もまた、例えば〝ある〟とはいかなることを意味するのか、といった文脈で論じられるものである。ここでの〈存在〉は、端的には人間集団における社会と自己とをめぐる問題を含む、あくまで人間にとっての存在論的な文脈に基づくものである。

31 ここで「労働」や「コミュニケーション」に相当すべき〈継承〉の人間学的基礎概念はまだ十分に整備されていない。例えば『広辞苑』においても〈生活〉の含意として、本論で言う〈生存〉と〈存在〉に相当する事例のみが挙げられている。しかし人間学的な意味での〈生活〉を持続していくためには〈継承〉の契機がやはり不可欠であり、この概念を深めていくことは今後の重要な課題の一つとなるだろう。

32 人間存在の根源的な時間性・歴史性については哲学的にも長い議論があるが（ハイデッガー、一九九四）、本論においてはその本質を〈存在〉と〈継承〉の内的連関として理解する。

33 前掲の〔鳥越、一九九三〕、〔米山、一九六七〕、〔宮本、一九八四〕を参照。

34 第7章で言及するように、「生活世界」はこうした農村だけでなく、都市においても、後に〝地域社会〟の人間的紐帯が失われてしまうまで、おそらく一定の形で存在し続けていた。

35 〝人間の条件〟を明確な形で示すことは難しい課題である。しかし〈人間（ヒト）〉と〈社会（構造）〉の解離は、もはやわれわれが科学技術によって身体を〝補強〟し続けることなしには〈社会（構造）〉への適応が不可能なほどに、進行していると言えるかもしれない。

●引用・参考文献

岩佐茂（一九九四）『環境の思想——エコロジーとマルクス主義の接点』創風社。

上柿崇英（二〇一五）「〈生活世界〉の構造転換——〝生〟の三契機としての〈生存〉、〈存在〉、〈継承〉の概念とその現代的位相をめぐる人間学的一試論」竹村牧男・中川光弘監修、岩崎大・関陽子・増田敬祐編『自然といのちの尊さについて考える』ノンブル社。

海上知明（二〇〇五）『環境思想——歴史と体系』NTT出版。

尾関周二編（一九九六）『環境哲学の探求』大月書店。

小原秀雄監修（一九九五）『環境思想の系譜（一—三）』東海大学出版会。

小原秀雄（二〇〇〇）『現代ホモ・サピエンスの変貌』朝日新聞社。

加藤尚武（一九九一）『環境倫理学のすすめ』丸善ライブラリー。

亀山純生（二〇〇五）『環境倫理と風土——日本的自然観の現代化の視座』大月書店。

鬼頭秀一（一九九六）『自然保護を問いなおす——環境倫理とネットワーク』ちくま新書。

鬼頭秀一・福永真弓編（二〇〇九）『環境倫理学』東京大学出版会。

木下太志・浜野潔編（二〇〇三）『人類史のなかの人口と家族』晃洋書房。

桑子敏雄（一九九九）『環境の哲学――日本の思想を現代に活かす』講談社学術文庫。

桑子敏雄（二〇〇五）『風景のなかの環境哲学』東京大学出版会。

笹沢豊（二〇〇三）『環境問題を哲学する』藤原書店。

サーリンズ、マーシャル（一九八四）『石器時代の経済学』山内昶訳、法政大学出版局（Sahlins, M.〈1972〉*Stone age Economics*, Aldine.）。

島崎隆（二〇〇七）『エコマルクス主義――環境論的転回を目指して』知泉書館。

白水士郎（二〇〇四）「環境プラグマティズムと新たな環境倫理学の使命」越智貢・川本隆史・中岡成文・金井淑子・高橋久一郎編『岩波 応用倫理学講義2』岩波書店。

ソロー、H・D（一九九五）『森の生活（上・下巻）』飯田実訳、岩波文庫（Thoreau, H. D.〈1971〉*Walden*. Princeton University Press.）。

寺尾五郎（二〇〇二）『「自然」概念の形成史――中国・日本・ヨーロッパ』農文協。

ドブソン、A（二〇〇一）『緑の政治思想――エコロジズムと社会変革の理論』松野弘監訳、ミネルヴァ書房（Dobson, A.〈1990〉*Green Political Thought*, Routledge.）。

鳥越皓之（一九九三）『家と村の社会学（増補版）』世界思想社。

ドレングソン、アラン・井上有一共編（二〇〇一）『ディープ・エコロジー――生き方から考える環境の思想』昭和堂（Drengson, A. and Inoue, Y.〈1995〉*The Deep Ecology Movement*, North Atlantic Books.）。

ナッシュ、R（一九九九）『自然の権利』松野弘訳、ちくま学芸文庫（Nash, R.〈1989〉*The Rights of Nature*, The University of Wisconsin Press.）。

西川富雄（二〇〇二）『環境哲学への招待――生きている自然を哲学する』こぶし書房。

ネス、A（一九九七）『ディープ・エコロジーとは何か——エコロジー・共同体・ライフスタイル』斉藤直輔・開龍美訳、文化書房博文社（Naess, A.〈1989〉*Ecology, Community and Lifestyle*, Cambridge University Press.）。

ハイデッガー、M（一九九四）『存在と時間（上・下）』細谷貞雄訳、ちくま学芸文庫（Heidegger, M.〈2006〉*Sein und Zeit*, Max Niemeyer Verlag Tübingen.）。

ハーバーマス、J（一九八五、一九八六、一九八七）『コミュニケイション的行為の理論（上・中・下）』（上）河上倫逸・平井俊彦（中）藤澤賢一郎・岩倉正博（下）丸山高司・厚東洋輔訳、未来社（Habermas, J.〈1981〉*Theorie des kommunikativen Handelns*, Suhramp.）。

フェイガン、B（二〇〇五）『古代文明と気候大変動——人類の運命を変えた二万年史』東郷えりか訳、河出書房新社（Fagan, B.〈2004〉*The Long Summer*, Basic Books.）。

ブクチン、M（一九九六）『エコロジーと社会』藤堂麻理子・戸田清・藤原なつ子訳、白水社（Bookchin, M.〈1990〉*Remaking Society*, South End Press.）。

ベルウッド、P（二〇〇八）『農耕起源の人類史』長田俊樹・佐藤洋一郎監訳、京都大学学術出版界（Bellwood, P.〈2005〉*First Farmers*, Blackwell.）。

ポンティング、C（一九九四）『緑の世界史』石弘之・京都大学環境史研究会訳、朝日選書（Ponting, C.〈2007〉*A New Green History of the World*, Vintage Books.）。

間瀬啓允（一九九一）『エコフィロソフィ提唱——人間が生き延びるための哲学』法藏館。

松野弘（二〇〇九）『環境思想とは何か——環境主義からエコロジズムへ』ちくま新書。

丸山正次（二〇〇六）『環境政治理論』風行社。

宮本常一（一九八四）『忘れられた日本人』岩波文庫。

森岡正博（一九八八）『生命学への招待――バイオエシックスを超えて』勁草書房。

ユクスキュル＆クリサート（二〇〇五）『生物から見た世界』日高敏雄・羽田節子訳、岩波文庫（Uexküll, J. unt Krisyat, G.〈1970〉*Streifzüge durch die Umwelten von Tieren und Menschen*, Fischer Verlag.）。

吉永明弘（二〇一四）『都市の環境倫理――持続可能性、都市における自然、アメニティ』勁草書房。

米山俊直（一九六七）『日本のむらの百年――その文化人類学的素描』ＮＨＫブックス。

レオポルド、Ａ（一九九七）『野生のうたが聞こえる』新島義昭訳、講談社学術文庫（Leopold, A.〈1987〉*A Sand County Almanac*, Oxford University Press.）。

『英語語源辞典』寺澤芳雄編、研究社、一九九七年。

『広辞苑（第五版）』岩波書店、一九九八年。

『日本語源広辞典［増補版］』増井金典、ミネルヴァ書房、二〇一二年。

『哲学・思想辞典』岩波書店、一九九八年。

Light, A and Katz, E.〈1996〉*Environmental Pragmatism*, Island Press.

人間学から環境哲学への架橋

第Ⅰ部

第I部

人間学から環境哲学への架橋

第3章■穴見愼一

「真の環境ラディカリズム」と〈自然《ナチュラル》さ〉の視点

〈小原秀雄の〈自己家畜化〉論を手懸りに〉

はじめに――問題の提起

一九七〇年代の世界的なエコロジー思潮の高まりと共に、環境とその問題をラディカルに問う哲学的議論は多様な展開を見せてきた。日本におけるエコロジー思想研究の出発点の一つは、一九九〇年代初頭の「環境倫理学」の紹介に還元されるが(1)、一般的な見解に従えば、そこには明確に二つの立場が認められる(2)。その一つは、近代の倫理学の枠組みを拡張し、人間だけでなく自然物にも同様の価値を認め、自然に対する人間活動を倫理的に評価しようとする方向である。これには、「自然中心(nature-centered)」「生命中心(bio-centric)」「生態系中心(eco-centric)」の立場があり、総称して「非人間中心(non-anthropocentric)」の環境倫理学と呼ばれている。もう一つは、倫理的配慮を人間に限る近代の枠組みを維持し、人間を自然よりも優位に置き、人間以外のものは人間に役立つ手段ないし道具である限りにおいてのみ価値がある、とする「人間中心（anthropocentric）」の環境倫理学と言われる。

　この人間中心主義の倫理を批判していち早く登場したのが、ノルウェーの哲学者アルネ・ネスの「ディープ・エコロジー」の主張であり、それは環境倫理学における自然中心主義の主要な議論の一つとして位置づけられている。ただ、その主張は自然破壊につながる人間による自然の支配の問題性を強調するあまり、人間による人間の支配という社会の問題を問う視点が弱い、と「ソーシャル・エコロジー」の議論を展開するマレー・ブクチン（一九九六）に批判されている。この批判がどこまで妥当かは後述するとして、筆者は、「ディープ・エコロジー」の主張も、また、それに対する批判も、エコロジー思想として共に重要な論点を提出していると考える。なぜならば、環境破壊の問題解決に向けて、ライフスタイルの見直しも含めた、人間中心主義の思想の根本的変革が必要だと考えるからであり、「生命圏平等主義」を掲げ、人間を頂点とするヒエラルキーの見直しを迫る「ディープ・エコロジー」の主張に強く共感するからである。

　また、その一方で、環境破壊の問題の根源は人間社会にあり、その問題性を把握する視点無しに問題の解決を論じることは不可能だと思われるからである。すなわち、エコロジー思想には、人間は自然的存在であり、かつ、社会的存在である、という認識が不可欠なのである。しかるに、ネスの主張においてもそれを批判するブクチンの議論においても、この視点の意味する重大性が十分に理解されているとは言い難い。否、むしろ、この重要な認識を捉え損ねているために、彼らのエコロジズムはその主張の重要性にもかかわらず、思想としての求心力を失っていったものと考えられる。

　動物学者の小原秀雄は、その認識の重大性にいち早く気づいた数少ない論者の一人であり、一九七〇年代から独自の人間進化論としての〈自己家畜化〉論を展開してきた。それは、社会的存在であり、かつ自然的存在でもある「人間（ヒト）」を理解するための議論であり、さらに言えば、他の生物とは異なる人間独自の「〈自然さ〉」を追究するための議論である。その特徴は、「人間（ヒト）」の特性の源泉を道具の制作使用に還元する点にある。すなわち、直立二足歩行の成立とともに誕生した人類は、道具の制作使用により大脳化を果たし、社会的存在となり「人間（ヒト）」へと進化した、とする。そこで問われるのは、道具を介した人と自然の関係性のあり方であり、それが人独自の「〈自然さ〉」への問いの視点となる。この視点に従えば、ヒトと「人間（ヒト）」は質的に異なる存在として理解される。しかし、ヒトが「人間（ヒト）」に成ったのは間違いない。この不連続性と連続性を総合する視点が小原の総合的な人間学である〈自己家畜化〉論の核心である。そして、この視点への接続こそ、エコロジー思想がこれまでの二者択一的な議論の枠組みを脱し、人間中心主義の思想を超えていく「真の環境ラディカリズム」を可能にするものであり、その新たなエコロジズムの地平を示すことが本論の使命である。

1 「ディープ・エコロジー」と「ソーシャル・エコロジー」

『エコロジーと社会』*Remaking Society* と題された著作において、ブクチンはヒエラルキー（人間の支配）の視座から、徹底した「ディープ・エコロジー」批判を展開した。ブクチンが、ネスの議論を批判して提唱した「ソーシャル・エコロジー」の主要な論点の一つは、人間による自然の支配を当然視する人間中心主義を批判して登場した「ディープ・エコロジー」の主張には、今日のエコロジー危機の根本要因を成す人間による人間の支配や搾取に対する問題意識が欠落しており、この問題の解決なくしては、エコロジカルな未来を築くことはできない、という指摘である。そして、この批判は建設的なものとして、「ディープ・エコロジー」を支持する者の側にも克服すべき課題として受け入れられている(3)。

だが、本書の編者でもある上柿崇英は、そうした見解には懐疑的である。上柿（二〇一三）は、環境倫理学（environmental ethics）の名のもと、もっぱら「ディープ・エコロジー」に代表される「倫理的エコロジズム（ethical ecologism）」に焦点があてられてきたこれまでの環境思想研究を概観する中で、一方で、ブクチンの議論はある面では、そうした主流のエコロジズムを批判し、人間の自然に対する倫理を問う前に、人間社会の内部にある不正と不平等に目を向けよという環境的正義（environmental justice）の議論に直結する点で重要だとする。しかし、他方で、そのような理解は、「環境思想＝倫理的な言説」とする従来型の無造作な理解による歪曲を含むものであり、「ソーシャル・エコロジー」も「ディープ・エコロジー」も、ともに言説の核心部分は別のところにある、とする（上柿、二〇一三、三）。すなわち、そもそも環境思想が、環境危機とそれに直面する現在のわれわれを理解し説明するための体系的な枠組みと、その危機を克服した理想状態、そしてそこへ至るための契機というものを含んでいるのであれば、むしろそれらの相違こそが、両者の思想の本質を表している、とするのである（同前書、四）。

この視点から、上柿は、「ソーシャル・エコロジー」を「ディープ・エコロジー」の「倫理的エコロジズム」に対して「社会的エコロジズム（social ecologism）」と呼ぶ。そして、それは、後者のように人間中心主義をはじめとする世界観ではなく、環境危機をもたらしている社会構造の根本的（ラディカル）な変革を求める点にその思想特性を持つとする。すなわち、「ソーシャル・エコロジー」は、環境危機の根源を人間社会内部の支配と被支配の構造、つまり社会的なヒエラルキーのもたらす力学に見出し、もっぱら、ヒエラルキー的な人類史そのものを問題としているのである（同書、六）。しかし、仮にそうであれば、一つの根本問題が現れると上柿は指摘する。それは、果たして「ソーシャル・エコロジー」をエコロジズムと呼んでいいのか、という問題である。なぜならば、環境危機を初めてイデオロギーの形で主題化した「ディープ・エコロジー」等の主張が、確かに新しいものであったのに対して、「ソーシャル・エコロジー」の主張の核心にあるのは、人間社会内部のヒエラルキーの問題性の告発という、環境危機が主題化される以前の社会的イデオロギーだからである（同書、七）(4)。すなわち、この問題の原因はブクチンがそもそも環境危機を想定していない社会理論を議論の枢軸に据えてしまったことに還元されるのであり、その意味において、上柿は「ソーシャル・エコロジー」をエコロジズムとは呼べない、とするのである（同書、一〇）。

この文脈によれば、「ソーシャル・エコロジー」が「ディープ・エコロジー」の限界を踏まえ、エコロジーの社会理論を追究したこと自体は正しかったのであるが、それだけでは不十分であり、これからの環境思想に求められるのは、借り物の社会理論に満足するのではなく、「倫理的エコロジズム」の成果を活かすことのできる、エコロジズム独自の新しい社会理論の構築である、とされる。そのためには、われわれはいったんエコロジズムの出発点である環境主義にまで立ち返らなくてはならず、上柿は、その原点は近代批判にある、とする。すなわち、この新しい試みは、近代批判の社会理論を「ソーシャル・エコロジー」とは異なるやり方でやり直すということに他ならないのである（同前）。

以上、上柿の論考（二〇一三）を本小論の問題意識に引きつけて概観したが、筆者の理解が正しいのであれば、前記の上柿の結論に、半分は賛意を表し、半分は反意を示そうと思う。賛意のポイントは、環境思想研究が決して倫理主義的なものに偏ることなく、その成果を活かし、新たな社会理論の構築をめざすべきである、という主張である。また、そのためには、エコロジズムの原点である近代批判から出発しなければならない、とする点も大いに共感する。だが、その反面、ブクチンが「ソーシャル・エコロジー」の枢軸に据えた社会理論（人間社会のヒエラルキーの問題性）を古いものとして退ける点は、あまりにも一面的で、賛成できない。なぜならば、上柿もふれているように、ブクチンの議論はあくまで「ディープ・エコロジー」を踏まえた上で展開されたものであり、その意味で、「倫理的エコロジズム」を批判的に継承するものだからである。

確かに、ヒエラルキーの問題性の告発は近代以前にさかのぼるものであり、その意味で、それは前もって環境危機を想定して誕生した社会理論ではない。しかしながら、環境危機を想定した「倫理的エコロジズム」に接続されたかつての社会理論は、エコロジズム的変容を経験し、再生されたのであり、その意味において、古い理論の単なる焼き直しではなく、新しい試みとして理解されるべきものである。つまり、ネスの議論が新しいのであれば、ブクチンもまた然り、と言うべきであろう。

したがって、より重要なのは、どのように新しいのか、その中身である。すなわち、環境危機意識の成立の前後という意味での思想の新しさや古さを問うのではなく、環境危機の問題性の核心を捉えている点において、これまでの社会理論とは質的に異なる視点を提出できているかどうか、それが問題なのである。その意味において、確かに、ブクチンの議論には大きな見落としがあったと言わざるをえない。

（無論、同じ意味において、ネスの議論にも大きな見落としがあった。）それが何であったのかは後述するとして、まずは、この新しさに深く関わると思われる「真の環境ラディカリズム」とは何かを問う議論を見ていこうと思う。

2　エコロジー思想のラディカリズムとは何か

「ディープ・エコロジー」のエコロジー思想としてのラディカルさを認めながらも、その主張の反科学的志向を問題視するのが、哲学者の武田一博である(5)。武田（二〇一二）は、「ディープ・エコロジー理論のなかでは感覚や感情が高く評価され、いわゆる「客観化」はそれほど評価されていない」（同書、五四）とする論拠を挙げ、「ディープ・エコロジー」の問題点としての反科学的志向を指摘する。そして、そこには、現代科学が技術と結びつき、生産や技術の巨大化・高度化を推し進めることで、自然破壊と人間に対する支配と抑圧を強化してきた、という認識があることを認めつつも、しかし、科学と技術は不可分とは言えず、ディープ・エコロジストの科学批判の根底には、むしろ、非合理的・宗教的感情が働いている、と批判する（同書、九〜一三）。それにもかかわらず、「ディープ・エコロジー」の思想としてのラディカルさを武田が高く評価するのは、その根本思想が、現代において「自然に従う」ということをもっとも強調する議論だからである、とする。その理由としては、「人間は自己を取り巻く環境世界の一部であり、人間の生存・活動・思想は自然から切り離されてはならない」、「自然環境に対する我々の態度は、自然界を構成する生命すべてに『固有の価値』があることを認め、それを尊重するものでなければならない」、とする論拠を挙げている（同書、五）。

　こうした武田の反応と対照的なのがブクチンである。ブクチンは「ディープ・エコロジー」の議論が「自然に従う」ことを強調するがゆえに、それが危険なものであるとしたのだ。このことは、『エコロジーと社会』の第一章「本書をなぜ書いたか」の個所に明らかである。そこでブクチンは、一九八七年六月のアメリカ・エコロジストの全国集会（National Gathering of American Greens）で知り合った若者が、「自然の命令に慎ましく従属するために」「自然の法則」に「服従する」必要について、曖昧なやり方で饒舌に語ったことへの苛立ちを次のように綴っている。

> 彼の「服従する」「自然の法則」「従属する」「命令」といった用語は、自然をわれわれの命令に「服従」させなければならないし、自然世界を「従属」させるために自然の「法則」を活用しなければならないと信じている反エコロジー的な人々から聞いたまさに同じ用語を思い出させた。……カリフォルニアのエコロジストは実のところ、人びとを「支配」の対象に変えることによって、この人間と自然のいやらしい関係をたんに裏返しにしたに過ぎないのである。（ブクチン、一九九六、八〜九）

　ところで、武田の強調する「自然に従う」とはいかなることなのか。武田は、一般論として、「自然に従って生きる」生き方が、どこかネガティブなニュアンス、つまり、人間性否定と受け止められがちであるが、それは決して、人間の主体性の放棄を意味するものではない、という。確かに、仮に、放っておけば生きられない生命があったとして、それを「自然に逆らって」生きながらえさせることは、一見して「自然に背く」ことであり、それこそ人間だけがなしうる崇高な行為である、と考えることはできる。しかし、そうした行為も、人間が自らの自然本性（human nature）に反して行うのでは決してない、と武田は主張する。なぜなら、そのような社会的共同性を有する存在として、人類は淘汰を免れ、繁栄することができたからだ、と考えられるからである。このように、「自然に背く」ことで発揮されるように見える人間性が、実は人間の自然本性に適っている点において、むしろ「自然に従う」ことであるとすることで、それはダーウィン主義と何ら矛盾するものではない、とされるのである（武田、二〇一二、二三）。そして、「人類の生存にとって何が理に適ったあり方かを最終的に決めるものは自然のメカニズムでしかない」、とし、「人間が生物である限り、ダーウィン主義と接続されなければならない」、と武田は主張する。つまり、これこそが、武田の示した「真の環境ラディカリズム」の条件なのである。

「自然に背くこと」と「自然に従うこと」という、一見、自然への相反する態度を人間本性の視点から関係づける論理展開は、二宮尊徳が人為（人道）と自然（天理）との関係性のあり方を説いた「二宮翁夜話（巻の二）」にある「水車の中庸」を想起させる（二宮、一九七〇、二〇九）(6)。そこで、尊徳は、水車（人為）の半分が水（自然）に浸かり、残り半分が宙にあることが重要だとする。なぜなら、全体が水に没しても、あるいは、全体が宙に浮いても水車は回ることがないからである。すなわち、水車は、半分が水の流れに従うことで、残り半分がその流れに逆らって動き、両者相まって、その機能を果たすのである。これを本小論に引き付けて言えば、人間も「自然に従う」ことで「自然に背く」ことが可能となり、主体性を発揮できる、ということなのだ。

この点で、筆者は武田の主張に賛成する。だが、人類の生存にとって何が重要であるかを決めるのは自然のメカニズムであり、エコロジー思想もまたダーウィン主義と接続された科学でなければならない、と断言する点については疑問が残る。それは、武田の言う「自然のメカニズム」が何を意味しているか、に関わることでもある。

これまでの文脈に従えば、人間の自然本性はおそらくそこに含まれるはずである。しかし、それでは、ブクチンが指摘した「第一の自然」（生物界）と「第二の自然」（人間社会）の区別が見えず、自然的存在であり、かつ、社会的、文化的存在でもある人間の存在特性を構造化して描き出すことは不可能である。確かに、人間はヒトという生物の一種であり、そうである以上、自然の法則に従わざるをえない存在であり、その意味で、ダーウィンの進化論は人間にもあてはまる。しかし人間は、自然を社会化することで人工生態系を作り、その中で進化してきた。自然淘汰を進化のメカニズムとするダーウィンの議論とは異なり、人間の進化には人為淘汰の側面がある。そこに、野生の生物と人間の進化における質的相違がある。したがって、これを「自然のメカニズム」として一括することはできない。同様の批判は、武田が「ダーウィン主義」を強調する点にもあてはまるだろう。

これまでも論じてきたように、エコロジー思想に進化論的視点が不可欠であることは筆者も認める。ただし、それは、人間が生物の一種である、という単純な理由からではなく、むしろ、人間が自然を社会化し、その社会化された自然の中で進化してきたことの特殊性を見失わない議論が必要だからである。しかるに、武田の主張する「ダーウィン主義」とは「自然のメカニズム」の言い換えでしかない。人間は「自然に従う」ことで「自然に背く」ことを可能にする。しかし、それは、ただ「自然に従う」ことのみによって可能となるのではない。

3　エコロジズムの陥穽――「自然の支配」と「人間の支配」を廻って

ネスのエコロジー思想（「エコソフィー」）を概観し、その意義を検討した哲学者の三浦永光（二〇〇九）は、ネスの議論の特色を大変ユニークな仕方で表現している。それは、ブクチンの「ソーシャル・エコロジー」との概略的比較という形で行われた。三浦の分析がユニークなのは、一般的な見解とは異なり、ネスとブクチンの論点の共通性がいかに大きいかが明示されている点である。確かに、ネス自身が書き残した文面を見る限り、ネスの議論に、人間による人間の支配や搾取に対する問題意識がまったく欠落しているとは到底言えない(7)。しかし、ブクチンは、それがきわめて不十分であるとして、否、むしろその視点がまったく欠けているとして「ディープ・エコロジー」を批判した。ブクチンが焦点化するのは、人間社会のヒエラルキーの問題性である。

ヒエラルキーの存在は、人間社会の誕生とともに古い。この「人間による人間の支配」が「人間による自然の支配」にまで拡大され、その帰結として今日的な地球規模での自然環境破壊が引き起こされた、とブクチンは考えるのである。したがって、人間社会におけるヒエラルキーの根絶なしに、環境問題は解決しないのである。それなのに、「ディープ・エコロジー」の主張には人間を生物に還元することで、むしろ、このヒエラルキーの問題性を隠蔽してしまう危険があるとする。すなわち、一日一ドル以下で暮らす途上国の貧しい人々と毎日が奢侈な暮らしの先進国の富裕層とでは、環境破壊との関わりにおいて平等とは言えないのである。そこには、経済の南北格差によるグローバルな「人間の支配」構造があり、それが自然環境の破壊を引き起こす根源となっているからだ。したがって、「ディープ・エコロジー」をはじめとするエコロジズム一般に見られる、「自然の支配」が「人間の支配」をもたらすとするロジックはむしろ逆であり、「人間の支配」こそが「自然の支配」をもたらすのだ、とブクチンは指摘するのである。

「自然の支配」か、「人間の支配」かを廻るこの後先論において、より重要なのは、あたかも自明のものとして語られる「自然の支配」が一体何を意味しているのか、である。仮にそれが「自然の略奪」を意味しているのであれば、それが質的にも量的にも大きく変化する一九世紀の産業革命以降の自然と人間の関係性は確かに「自然の支配」と言ってよいだろう。また、ヒエラルキーが人間社会の誕生とともに古いとすることを是とするのであれば、その意味で、ブクチンの主張の方が正しいと言えるだろう。

しかしながら、これが、自然環境破壊の原因においてどちらがより根源的であるかを争うだけのものならば、それはあまりにも大雑把な議論であると言わざるをえない。理由は二つある。一つは、すでにふれた「自然の支配」の意味を廻る問題である。仮にこれが「自然の制御（コントロール）」をさすのであれば、これは二一世紀の現時点においても、そのような事実は確認されていない、と言わざるをえない。それは、「3・11」を想起すれば明らかである。生命誌の中村桂子（二〇一三）も指摘するように、自然は人間が想定できるような対象ではなく、そうである以上、科学技術でコントロールすることなどできない。したがって、この場合、「自然の支配」そのものが無意味なものとなり、「自然の支配」か、「人間の支配」かを廻る後先論自体が成立しないことになる。

より重要なのは、もう一つの理由の方である。先に論じたように、「自然の支配」＝「自然の略奪」を意味するのであれば、筆者は、ブクチンの主張が正しい、と結論づけた。しかしながら、ブクチンの主張は、そのすべてにおいて正しいわけではない。彼は、自らが強調するヒエラルキーの議論において、非常に重要な視点を見落としている。それは、「人間の支配」の理解に関わるものである。繰り返すが、ヒエラルキーは人間社会とともに古い。二一世紀の今日においても、それは社会とともに存在し続けている。そして、ブクチンはその問題性を主題化したのである。だが、ここに一つの素朴な疑問が生じる。それは、神代の昔の「人間の支配」と今日のそれとが、果たして同一視できるものなのか、という問題である。フランスの哲学者M・フーコーであれば、これをきっぱりと否定するであろう。なぜならば、近代以前と以後では、人間を支配する権力の在り様が根本的に変質したからである。

フーコーは、前者を死を意識させることにより人民を支配する「死の権力」と呼び、後者は生を意識させることにより人間を支配する「生権力」として区別した。その最大の特徴の一つは、前者が明らかな暴力性を伴うヒエラルキー構造に基づく可視的な権力であったのに対して、後者は不可視化された権力であり、それゆえ人民には権力により支配されているという意識が成立しにくい点にある。したがって、今日の社会に生きるわれわれは、自由に自らの生を追求するほどに「人間の支配」構造の深みにはまって行く帰結を招くのである。そのことは、例えば、臓器移植が莫大な富を生み、女性の権利の名のもとに、人工妊娠やその中絶が自由に行われている日本における医療の現状を見れば明らかであろう。それは、人間を人間として支配するのではなく、否、むしろ、人間を人間としては支配せず、人間を生命（生物）として支配しようとするものである。それはまた、K・マルクスが指摘した「労働力商品」

としての人間の発見に次ぐ、新たな「自然素材」としての人間の発見に基づくものであり、その意味において、それを管理しようとする新たな「自然の支配」の始まりなのである。われわれは確かに生かされた存在である。しかし、それは自然によってではなく、人間（権力）によってである。

こうした見地からすれば、エコロジズムを廻る「自然の支配」と「人間の支配」とを関係づけるこれまでの議論は、ニワトリが先か、それとも卵か、という程度のものでしかなかった。もはや、どちらが先かは問題ではない。より重要なのは、「自然の支配＝人間の支配」という図式の新たな認識である。ブクチンには、この視点が欠けている。したがって、彼が「自然の支配」に代えて、「人間の支配」を強調するとき、その深層に潜む「自然の支配」を見落とすことになるのである。それゆえ、われわれは、今一度、エコロジズムの原点に立ち返り、「自然の支配」という近代批判を再度試みなければならない。しかし、その場合、その対象となる自然は、これまでのような人間以外の自然という意味においてではない。そうではなく、人間をも含む「自然の支配」という近代批判（フーコーの視点）を試みる必要があるのだ。そうして、「人間の支配＝自然の支配」という新たな認識に立てた時、「人間は自然の一部である」というエコロジズムにお馴染みの言説はおそらくこれまでとは違ったものとして見えてくるだろう。例えば、「人間は生物の一種である。だからこそ、容易に支配可能なのである」、というように(8)。

自然を擁護するためのエコロジズムの言説が、人間を貶める危険性を孕むという点において、ブクチンの主張は正しかった。しかし、それが、二重の意味において危険であることに彼は気づかなかった。なぜ、そうした意図せぬ逆説が起こるのか。おそらく、そこには、これまでのエコロジズムの議論には、自然と人間の関係性のあり方や自然と社会の関係を論じてきたにもかかわらず、人間そのものを総合的に把握しきれていない、という欠陥があったことが疑われる。すなわち、人間を生物の次元で把握する視点が、自然の保護の論理に結びつくだけでなく、むしろ人間を生物の次元で支配する視線に反転しうる危険に対して、エコロジズムはあまりにも無防備であった、ということである。つまり、これまでのエコロジズムにおいては、人が自然的存在であり、かつ、社会的、文化的存在である、ということが、必ずしも一つのこととして理解されていなかったのである。それは、社会的、文化的存在であることが自然的存在である人間を規定するのみならず、その逆でもあるという視点の欠如を意味している。

4　エコロジー思想としての〈自己家畜化〉論の可能性――〈自然《ナチュラル》さ〉の視点を問う

人間は自然の一部であり、生物の一種である。生物学では、一般に、直立二足歩行成立以来のホモ・サピエンスに向けての進化の過程を「ヒト化（hominization）」と呼び、類人猿から続く一連の進化プロセスとして理解されている。そこでは、人類を特徴づける直立二足歩行も、大脳化も、道具の制作使用も、相互に緊密に関係し合う人間進化の重要な要素として、一つの連続する単層的な流れの中に位置づけられており、類人猿から人類へ、という他の野生動物さながらの進化の連続性が強調されている。おそらく、生物学的には、それは正しい。だが、人間は自然的存在であり、かつ、社会的、文化的存在である。そこには、類人猿からの連続性と同時に不連続性が認められ、「ヒト化（hominization）」という視点のみでは、把握できない人間の存在構造（「人間（ヒト）」）が認められる。

小原の〈自己家畜化〉論の最大の特徴の一つは、人間の進化プロセスに、「ヒト化」とは区別される

「人間化（humanization）」を置くことである。前者は、生物学の一般論同様に、直立二足歩行の成立と共に始まるが、後者は、道具の制作使用に始まるとされる。無論、両者は個別に論じられるような性格のものではなく、相互に関係しつつ一連の人間進化のプロセスを成す。ただ、両者を弁別することにより、いち早く開始する「ヒト化」を基層として、その上に「人間化」が展開するという重層的な進化プロセスを構想することができる。小原はそれを「人間（ヒト）化」と呼ぶ。すなわち、自然的、かつ社会的、文化的な存在である「人間（ヒト）」という重層的な存在様式を形成する進化プロセスだから、「人間（ヒト）化」なのである。ヒトでない人間はいないし、今日、人間でないヒトもいない。存在するのは「人間（ヒト）」のみである（小原・羽仁、一九九五、一三一）。

進化プロセスにおける小原の「人間化」の視点は、人間が社会的、文化的存在であることに由来する。すなわち、人間は道具の制作使用により、自然の産物ではない人工物を作り出し、それを用いて社会という人工生態系を形成して、その中で進化を遂げてきた。これは、人工物による淘汰圧が作用する点で、野生動物のような自然の状態における進化とは異質である。その意味で、人間の進化プロセスは家畜のものに類似するが、自らの環境を作るという意味も加わり、〈自己家畜化〉となる。「人間化」は人間の進化における人工物の影響を考える上で欠くことのできない視点であり、その特殊性（不連続性）を説明する有効な概念である。無論、「ヒト化」の視点は重要だが、それだけでは、いつまでたってもヒトは人間にはなれない。

以上、〈自己家畜化〉概念を中心に、小原の議論を概観してきたが、重要なのは、この議論が「第一の自然」（生物界）と「第二の自然」（人間社会）を進化論的にきちんと区別して位置づけており、しかも、両者を不一・不二の関係として人間の進化プロセスを総合的に把握している点である。その意味で、小原の〈自己家畜化〉論はダーウィニズムを超える論点を提出している。小原は、ある対談の中で自らの議論を振り返り、次のように述べている。

ダーウィンは、家畜の品種を見ることによって、つまり、人為淘汰を見ることによって逆に、自然淘汰という概念を発見したんですね。私はまったく逆に、家畜を見ることによって人間を見るようになった。もちろん野生の動物から家畜の性質を帰納してきて、家畜の動物のあり方、飼育されている動物も含めてですが、人為環境下における人為淘汰されている動物を見て、ついに人間の見方に到達した。どうもダーウィンの場合とまったく逆の筋を通ったと。(小原・羽仁、一九九五、五七〜五八)

すなわち、家畜という「社会化された自然」を起点として、ダーウィンは自然の理解へと向かい、自然淘汰の概念に辿り着いたが、小原は人間の理解へと向かい、人為淘汰の概念なしに、人間の進化を理解できないという確信を掴んだのである。その意味において、人間もまた「社会化された自然」なのであり、この「家畜化＝社会化」の視点が、人間の進化における「ヒト化」とは区別された「人間化」の視点に接続していると考えられる。すなわち、野生動物とは区別される家畜への注目が、小原にヒトの進化プロセスにおける「社会化＝人間化」の視点をもたらしたのだ。つまり、ヒトの進化に人間化のプロセスを見出すということは、社会の視点からヒトを理解する試みなのである。

小原は、人類が歴史的に人間に成るという過程には、基本的には現代につながる構造が必ず出現してきたと考える。進化を解き明かすとは、どのように発展して現在のようなものになったかというところが肝心であって、そこで「人間化」について、抽象的な点も含めた人間の世界の出現を問うという目で人類の進化を順序立てて構造化する必要がある、と小原は考えるのである。それは、現在の人間の在り様から生物としての人間を理解する意味において、「社会からヒトを視る」試みであると言えるだろう。

このような独創的な視点にどのようにして小原は辿り着いたのか。その起源は小原の主張する〈自然さ〉の視点に求めることができる。本小論の冒頭でも少しふれたが、〈自然さ〉の視点は「道具を介した人と自然の関係性のあり方」を問うものであり、突き詰めて言えば、現在の社会の在り様が果たして生物としての人間にとって相応しいものなのかどうかを問う視点である。その答えは、小原が現代社会に固有の〈自己家畜化〉現象を否定的な意味を込めて「自己ペット化」と呼ぶことに集約されている。

人間が存在しているということは、生命三八億年の進化の結果として人間が現存しているのであって、それは人間が他の現存する生物との関係性の中に存在することを意味している。しかるに、道具の製作使用に始まる「人間化」のプロセスは、自然を社会化することで人工物を生み、やがてそれらの生産物で自らの生活環境を囲い込むことでヒトをカプセル化し、他の生物との関係を断ってしまったのである。人間の生物としての基本的な行動形成の重要な側面が、他の生物を含む自然との関係に依存すると考える小原にとって、それは見逃すことのできない環境の悪化なのである。それは、あたかも、人間の家族の一員として室内で飼育されるようになったイヌが、孤立することで犬の社会に馴染めず、他の犬を異常なほどに恐がる状況の出現に象徴的である、と小原は指摘する。それはまた、家畜化されて以来、人間との関係がもっとも古く、深い関係性を持つ犬が、単なる愛玩動物として「ペット化」されることにより、犬本来の基本的な行動形成が失われていることの証左として理解される。小原はこのようなイヌの状況を犬の〈自然さ〉が失われた、と捉えるのである。

このように、生物としての視点から見た場合、近代化された都市の中で生活する人間は、カプセル化されたイヌの状況に類似しており、〈自然さ〉が失われている状況にあると、小原は危惧する。すなわち、この〈自然さ〉の視点とは、「ヒトから社会を視る」ものであり、現代社会の在り様を問題化するとともに、逆に、人類がどのように発展して現在のようなものになったのかについて、進化を順序立てて構造化する視点、すなわち「社会からヒトを視る」＝「人間化」の視点に接続されるものなのである。

このことは、人間進化の特殊性を説明する科学論としての〈自己家畜化〉論と人間環境のあり方を示す〈自然さ〉の視点が不一・不二の関係にあることを示している。前者が進化論的視点を持つ総合的な人間学の部類に属する議論であるとすれば、後者はそれに基づく環境論に接続されるべき重要な論点であると言える。すなわち、両者は一つのエコロジー思想を成す可能性を持ち、しかもそれは、ブクチンの「ソーシャル・エコロジー」とは異なる仕方で、これまでのうちもっともラディカルなエコロジー思想とされた「ディープ・エコロジー」の議論の弱点を克服し、両者を超える要素を含んでいるのである。

おわりに――「真の環境ラディカリズム」と〈自然《ナチュラル》さ〉の視点

一九七二年のストックホルム会議以来、地球規模での環境破壊の問題が叫ばれて久しいが、事態は一向に好転の兆しを見せない。それどころか、経済成長志向は衰えを知らず、陸地を蹂躙した開発の魔の手はついには海洋にまで及び、近隣諸国との深刻な新たな領土問題にまで発展している。日本国内に目を向ければ、深刻な原発事故の処理の目途も立たないうちから、経済成長戦略のために再稼働後の原発のベースロード電源化が真面目に議論されている。「環境か、経済か」の二者択一を問われれば、今も昔も答えは決まって「経済」だ。このテーゼを覆さないかぎり、われわれに未来はない。だが、多くの人間はその重大性に気づかないいし、気づこうともしていない。

確かに、認識が変わるだけでは世界は変わらないだろう。しかし、世界を変えても、認識の変革が伴わなければ、無意味である。その意味で、環境破壊の問題解決に向けて、ライフスタイルの見直しも含めた、人間中心主義の思想の根本的変革が必要であるとの主張に筆者も同意する。武田（二〇一二）が、「ディープ・エコロジー」の反科学的志向を批判しながらも、その議論のラディカルさを認めたように、筆者もまた、人間存在の自然的側面を強調するこの議論を高く評価したいと思う。ただ、上柿（二〇一三）の指摘にあった「倫理主義的なエコロジズム」に広く見られるように、「人間は自然の一部である」という言説を強調するだけでは、「自然から人間を見る」視点はえられても、その分、人間が社会的、文化的存在である視点は後景に退く。また、だからといって、それを批判する「ソーシャル・エコロジー」のように人間社会のヒエラルキーの問題性にすべてを還元してしまえば、この「人間がヒトである」とする一九世紀以来の生物学固有の視点は後景に退き、人間が生物の次元で支配される危険性の存在をみすみす見落としてしまうのである。

その意味で、「真の環境ラディカリズム」を追究するのであれば、人間が自然的存在であり、かつ、社会的、文化的存在である、とする総合的な人間像を確立し、それをエコロジズムに位置づけることが真に求められるのである。その人間像こそ小原の〈自己家畜化〉論に示された「人間（ヒト）」である。なぜならば、それは一方で、「自然から人間を見る」視点を持ち、他方で、「社会からヒトを見る」視点を持つからである。この後者の視点こそ、これまでのエコロジズムに決定的に欠けていたものであり、われわれを新たなエコロジズムの地平へと誘うものなのである。そして、これら二つの視点が交差するところに「真の環境ラディカリズム」がたち現れる。つまり、それを可能にするのが小原の〈自然さ〉の視点なのである(9)。

●注

1　アメリカを主な舞台として展開されてきた議論のエッセンスを明快な仕方で紹介した加藤尚武の『環境倫理学のすすめ』（丸善ライブラリー、一九九一年）は、その中心的な役割を果たした。ただし、足尾銅山鉱毒事件や水俣病事件に代表される「公害」を出発点とした環境思想の日本独自の展開は銘記される必要がある。

2　尾関周二・亀山純生・武田一博編著『環境思想キーワード』（青木書店、二〇〇五年）「自然の固有の価値と内在的価値」の項参照。

3　例えば、井上有一の議論（ドレグソン・井上、二〇〇一、一七〜一九）など。

4　上柿（二〇一三）によれば、「イデオロギー」として成立している言説には、以下の三つの条件が含まれている、とされる。「①われわれが置かれている世界（あるいはその状態）を理解／説明するための独自の体系的な枠組み、②われわれが本質的に到達すべき理想状態のイメージ、③その体系的な枠組みから導出される、理想状態へ移行するための契機」（同書、三～四）。

5　「ディープ・エコロジー」の支持者の間でも、「ディープ・エコロジー運動の規範や性格は、（科学としての）生態学からの論理や帰納によって導き出されるものではない」（ドレグソン・井上、二〇〇一、一三七）、と評されている。

6　「二宮翁夜話」は、弟子の福住正兄によって書き記されたものである。尊徳の思想は日本農本主義のイデオロギー装置として利用されてきた経緯があり、この説諭は次の言葉をもって締めくくられる。「人の道もそのように天理に従って種を蒔き、天理に逆らって草を取り、欲に従って家業を励み、欲を制して義務を思うべきである。」

7　ドレグソン・井上（二〇〇一）の第1章参照。

8　本小論の特徴の一つは、エコロジーの議論にフーコーの「生権力（bio-pouvoir）」の視点を導入した点にあるが、現今の思想としてのエコロジーが「バイオの権力（bio-pouvoir）」の現出形態である、との指摘は、すでに、フランスのジャーナリストであるF・エワルド（一九八六）においてなされている。また、フーコーの議論への接続は見られないものの、エコロジーの議論において人間を「生命」に還元して語ることの危険性を指摘したものでは、［イリイチ、一九九一］の議論が興味深い。さらに、同様の文脈において、生命倫理と環境倫理を同時に考えていく必要があることを指摘したものに［森岡、一九九四／二〇〇三］の議論がある。

9　小原の〈自己家畜化〉論には、批判の声も少なくない。エコロジー思想としての〈自己家畜化〉論の可能性を主張する本論の文脈においてより重要なのは、「家畜化」の語の持つネガティブな響きから、人間を家畜になぞらえる表現への憤りにも似た批判であろう。深刻なのは、これが単なるイメージの問題ではなく、「自己家畜化＝自らの改良」と受け取られ、優生学と結びつけられてしまう危険がある点だ。無論、小原の〈自己家畜化〉論と優生学は無縁である。

●引用・参考文献

イリイチ、I（一九九一）『生きる思想――イバン・イリイチ』桜井直文監訳、藤原書店。本書は、I・イリイチが一九七〇年代末から八〇年代に発表した論文・講演草稿で未発表のものをほぼすべて集めたもので、イリイチ自身が編集し、日本で出版されたものである。

上柿崇英（二〇一三）「『社会的エコロジズム』の立ち位置――エコロジズムと〈社会主義〉のイデオロギー的攻防――」『環境思想・教育研究』（第六号）環境思想・教育研究会。

エワルド、F編（一九八六）『バイオ――思想・歴史・権力』菅谷暁・古賀祥二郎・桑田禮彰訳、新評論（Eward, F. eds.〈1985〉articles parus dans le numéro 218-Avril 1985 Magazine Littéraire. Magazine Littéraire.）。本書は、フランスの雑誌Magazine Littéraireが一九八五年四月号で組んだ特集「生物学が狙うもの」（les enjeux de la biologie）の記事を翻訳・再編集したものである。

小原秀雄（一九八五）『人〈ヒト〉に成る』大月書店。

小原秀雄（二〇〇〇）『現代ホモ・サピエンスの変貌』朝日新聞社。

小原秀雄・羽仁進（一九九五）『「自己ペット化」する現代人――自己家畜化論から』NHKブックス。

武田一博（二〇一二）「真の環境ラディカリズムとは何か――「自然に従う」ということ」尾関周二・武田一博編『環境哲学のラディカリズム』学文社。

ドレグソン、A・井上有一共編（二〇〇一）井上有一監訳『ディープ・エコロジー』昭和堂（Drengson, A. and Yuichi, I. eds.〈1995〉*The Deep Ecology Movement : An Introductory Anthology*, North Atlantic Books.）。

中村桂子（二〇一三）『科学者が人間であること』岩波新書。

中山　元（二〇一〇）『フーコー――生権力と統治性』河出書房新社。

二宮尊徳（一九七〇）児玉幸多責任編集『日本の名著26二宮尊徳』中央公論社。

ネス、A（一九九〇）『ディープ・エコロジーとは何か――エコロジー・共同体・ライフスタイル――』斎藤直輔・開龍美訳、ヴァリエ叢書（Naess, A.〈1989〉*Ecology, Community and Lifestyle : Outline of an Ecosophy*, translated and edited by David Rothenberg, Cambridge University Press.）。

フーコー、F（一九八六）『性の歴史Ⅰ　知への意志』渡辺守章訳、新潮社（Foucault, M.〈1976〉*LA VOLONTÉ DE SAVOIR*（Volume 1 de HISTOIRE DE LA SEXUALITÉ）. ÉDITIONS GALLIMARD.）。

ブクチン、M（一九九六）『エコロジーと社会』藤堂麻理子・戸田清・萩原なつ子訳、白水社（Bookchin, M.〈1990〉*Remaking Society, Pathways to a Green Future*, English Agency Japan Ltd.）。

三浦永光（二〇〇九）「生命の「自己実現」と地域社会の自治――アルネ・ネスのエコロジー思想」『環境思想・教育研究』（第三号）環境思想・教育研究会。

森岡正博（一九九四）『生命観を問いなおす――エコロジーから脳死まで』ちくま新書。

森岡正博（二〇〇三）『無痛文明論』トランスビュー。

環境危機を踏まえた人間の現代的なあり方

〈「ケアの倫理」批判から考える〉

第4章■大倉　茂

本章は、現代の環境危機を踏まえて、自然の破壊と人間の破壊の根源性を前提として人間のあり方を問い直すことを目的としている。具体的に言えば、現代社会において人間と自然が商品化、手段化、モノ化しており、そういった状況を脱するべく、ケアと倫理のあり方に関する議論を通して、同質性を前提とした人間同士の〈つながる〉こととしての共同性、〈いきる〉こととしての生命性、〈かんがえる〉こととしての意識性の関係を論じることを軸に人間のあり方を考えていきたい。

以下に、本章を概観したい。第1節においては、本章の立場と視座を確認し、論点の整理を行う。具体的には、本章の立場である自然の破壊と人間の破壊の根源性を南方熊楠の議論を通じて確認し、同時にアリストテレスの人間の規定を見ていく中で人間のあり方を考える上での基本視座を確認すると同時に本章の課題を改めて示したい。第2節において、現代社会における人間と自然の捉えられ方をわれわれの日常を振り返ることを通じて具体的な事柄から見ていきたい。その際、現代社会において人間と自然がモノ化してしまっていることが議論の焦点となる。そして、第3節では、共同性、生命性、意識性の関係について論ずることになる。

1　環境危機と人間

本節の課題は三つある。第一に南方熊楠の議論を通じて自然の破壊と人間の破壊の根源性を素描し、今後の議論の道筋をえること、第二にアリストテレスの人間の規定を見ていく中で人間のあり方を論ずる際の概念を整理することである。以上二点を踏まえて、第三に本章の課題を示したい。

1　南方熊楠から考える

南方熊楠（一八六七～一九四一年。以下、「熊楠」と記す）は、博物学者、生物学者として知られ、柳田国男などと交流を持つなど民俗学者としても知られており、東京大学予備門退学後、アメリカ、イギリスを中心に遊学し、帰国後は紀伊田辺に居を構え、その後田辺から離れることはなかった。環境思想からは、「エコロジー」（熊楠自身の言葉としては「エコロギー」）という言葉を日本で最初期に使ったことでも知られている。その熊楠が、一九〇九年から主導した社会運動（特に現代的視点からは環境保護運動）が「神社合祀反対運動」である。神社合祀反対運動は、明治政府から出された一連の法令群である、いわゆる「神社合祀令」に反対する運動である。近代化を能率的に遂行するための戦略として、明治政府は急速な中央集権化を図った。その過程で、複数のムラを一つの行政村にまとめることとなったが、その際にこれまで一つのムラに一つあった神社を、一つの行政村に一つの神社として、その他の神社を統廃合するよう明治政府（国家）が指示したのが、「神社合祀令」である。神社を統廃合する際に、神社と共にある森林も併せて伐採することとなった。その背景には、行政による権力だけではなく、伐採された森林によって利益をえようとする、勃興期にあった市場経済の論理も存在した。その神社合祀に反対したのが、熊楠である。熊楠は、神社合祀を積極的に行っていた和歌山県、特に紀伊田辺において、反対運動を繰り広げた。その際、一九一二年に書かれた「神社合祀反対意見」に熊楠がなぜ「神社合祀（令）」に反対するのかが大きく七つの項目に分かれて書かれているのでその項目を紹介したい。


第一、合祀により敬神思想を高めたりとは、地方官公吏の報告書に誑かさるるのははなはだしきものなり。

第二、合祀は人民の融和を妨げ、自治機関の運用を阻害す。

第三、合祀は地方を衰微せしむ。

第四に、合祀は庶民の慰安を奪い、人情を薄くし、風俗を乱す。

第五に、合祀は愛郷心を損ず。

第六に、合祀は土地の治安と利益に大害あり。

第七、合祀は勝景史蹟と古伝を湮滅す。


注目すべきは、熊楠は神社林が伐採されることを通して、神社合祀がエコロジーの問題としてあること（「エコロギー」が登場するのも神社合祀反対運動においてである）を前提としながらも何より人間の社会が破壊されることを強調している点である。すなわち、熊楠にとって、自然の破壊は人間の破壊と根源的に連関している事柄なのである。このことが本章の基本的な立場である。

またこのことから、今後の議論の道筋をえるために敷衍して考えられることが二つある。第一に、共同性、ないしは共同体は自然と共にあってこそ成り立つのではないかということである。本章の視点から換言すると、共同性は、生命性なしには担保できないのではないかということである。第二に、神社合祀反対運動における公共圏を形成しようとする、熊楠の目論みである。熊楠は、田辺という地域共同体においてのみ反対運動を行ったのではなく、新聞に積極的に投稿することを通じて、神社合祀問題における理性的な言論空間、すなわち公共圏を形成することに注力していた。むしろ、熊楠にとっての神社合祀反対運動は公共圏の形成に軸足が置かれていたとも言える。また、「牟婁新報」などといった地域紙だけでなく、全国誌にも積極的に原稿を送り、柳田国男の協力をえて『南方二書』を各界の代表者に送るなどしている。特筆すべきは、同時に、イギリスの複数の研究者に神社合祀反対論と反対運動の現状を送り、国際的な関心を集めようとしていたことである。このことは、自然とともにある共同体を守ることを、ローカル、ナショナル、グローバルといった重層的を備えた公共圏を形成することを通じて実践しようとしていたことが理解できよう。

以上、本章の自然の破壊と人間の破壊の根源性を熊楠の議論を参考に素描し、また熊楠から第一に共同体が自然とともにあること、そして第二にその共同体と公共圏の共存可能性について考えてみた。以上を踏まえて、この二点を人間の次元で考えるとどのように語りうるかをアリストテレスの人間の規定を見ていく中で考えてみたい。

2　アリストテレスから考える

アリストテレスはその著作の中で人間の規定を随所で行っている。代表的な三つ引用を見てみたい。第一に、『政治学』の中で「人間は自然にポリス的動物である」（アリストテレス、一九六一、三五）(1)と述べている。第二に、『ニコマコス倫理学』第九巻第九章において、「人間はポリス的なものであり、生を他と共にすることを本性としている」（アリストテレス、一九七三、一三七（下巻）、一一六九b）と述べている。第三に、『エウデモス倫理学』第七巻第一〇章において、「というのは人間はポリス的動物であるのみならず、オイコス的動物であり、また他の動物のごとくときに応じて接合するとか、偶然合ったオスとかメスに接合するとかいうのではなく、人間は自分ひとりで孤立的な生活を営む動物ではなくて、本性上親族関係の存するような人々と共同生活をする動物である」（アリストテレス、一九六八、三〇八、一二四二a）である。

著作の主題によって異同はあるが、この三つの人間の規定から浮かび上がることがらは、以下の三点に収斂されるだろう。第一に、人間は生命性と共同性を備えているという点である。人間は動物であるとアリストテレスが強調しているが、人間が動物であると言うことはすなわち、人間は生命性を備えているのである。そして、その生命性は他者と共有する、すなわち共同性と共にあるということである。以上の点は、『エウデモス倫理学』における「生を他と共にすること」から考えれば「他と共にすること」は共同性として捉えられ、その「他と共にする」のは「生」すなわち、生命性であると言える。同時に、『エウデモス倫理学』における「本性上親族関係の存するような人々と共同生活をする動物」という規定からも、人間はその本性として、共同性と生命性を備えていると言える。

そして、ここで強調しておきたいのが、第二の点である生命性と共同性が相互補完関係にあるということである。オイコス的動物であるという含意は、生命、生活を共有する動物であると理解でき、人間に生命性と共同性が備わっているというだけではなく、より一歩踏み込んで生命性と共同性の相互連関を示唆していると言える。この点は、先の共同体が自然と共にあるということを想起させよう。

第三に、三つの引用に共通しているのが、人間が「ポリス的」であるということである。このことは、人間が意識性を備えていることを意味する。ポリス的という言葉に異なる他者との理性的な関係を取りうる存在であることが内包されている。意識性の次元に属する人間の能力である理性(2)は、共同体の構成員ではない「異質な他者」との関係を担保しえる。生命性を共有する共同体は、感情的なつながりでつながっているが、感情的なつながりは感情を共有しえない他者に対してしばしば排他的な姿勢をとることとなる。その際に、暴力的な排他性を斥けるためにも、公共圏につながりうる理性的なつながり、すなわち、意識性によるつながりを強調しておく意義はきわめて大きい。そしてそのことは、共同体と公共圏の共存可能性を人間の次元で考えることとなるのである。

以上のことをまとめると、人間は共同性、生命性を備えていると同時に、その両者は相互補完関係にあるということであり、それは共同体が自然と共にあるということを人間の次元で語ることである。同時に、人間は意識性が本性として備わっており、共同体の構成員ではない「異質な他者」との関係を担保しうる。そして、そのことは共同体と公共圏の共存可能性を人間の次元で語ることとなるのである。

以上のまとめを踏まえて、残された問題となるのは、生命性と共同性の関係、さらには相互補完関係にある共同性と生命性（以下、共同性と生命性を同時に語る際には、「共同／生命性」と記す）と意識性との関係である。アリストテレスにおいては、生命性、共同性、意識性の関係まで十分に論じられていたとは言い難い。本章では、環境危機に置かれている現代社会における人間の生命性、共同性、意識性の関係を考えてみたい。この課題に答えることが、本章の立場から人間学から環境哲学へ架橋となろう。

したがって、以上の点を踏まえて、改めて第2節以降の概観を示すと以下のようになる。第2節において現代社会における人間と自然の捉えられ方を改めて概観したい。そして、第3節において現代社会における人間と自然の捉えられ方をいかに脱するかを考えながら、生命性、共同性、意識性の関係の中でも、特に共同／生命性と意識性の関係を論じていきたい。

その際に、導きの糸になるのが、「ケアの倫理」に関する議論である。「ケアの倫理」を批判することを通してアリストテレスにおいて必ずしも明確に示されなかった、共同／生命性と意識性の関係について考えることができよう。そして、そのことは共同性と生命性の相互補完関係の内実により迫ることにも通じるのである。

以下に、現代社会における人間と自然の捉えられ方をわれわれの日常を振り返ることを通じて具体的な事柄から見ていきたい。

2　現代社会における人間と自然

1　商品に関わる領域と商品に関わらない領域

現代社会はあまねく市場経済が行き渡っている。われわれは、なにをするにしても市場経済を経由した商品が関わった社会、すなわち商品に関わる領域の中で生きている。商品に関わらない領域を探し出すことが困難にも思える。朝、商品として買った目覚まし時計ないしは、携帯電話のアラームで起きて、昨日スーパーで買ってきた商品としてのトーストを、商品としていつぞや購入したトースターで焼き、思えばトースターはこれまた商品としての電力によって稼働しているなとか考えながら食べ、量販店で買った商品としてのスーツに着替えて家に出る。家に出るとき、スーツから、化粧品、整髪料、カバン、靴まで身につけているほとんどが商品である。そして、職場ないしは、学校に行く交通手段である電車、自転車も商品としてある。ウィークデーのある朝をとってみてもこうした状況である。やはりわれわれは商品に関わる領域の中で生きている。

本章では商品に関わる領域が拡大していくことに対し、批判的態度で検討していくのだが、商品に関わる領域が拡大していくことの何が問題なのか。本章で問題にしたい重要な点が二点ある。第一に商品に関わる領域において、人間と自然、そして人間と人間のへだたりが深くなり、また遠ざけられる。人間と自然、そして人間と人間がきわめてよそよそしい関係となるのである。第二に人間と自然が手段化されるということである。

第二の点について考えてみよう。さきほどのある朝の話を思い返してみると、トーストの素材、トースターの素材など商品の素材は自然であり、商品に関わる領域の背景には自然の商品化がある。同時に、トースト、トースターはどうやって入手できたかというと、人間が労働力商品となって貨幣という商品と交換したからである。例えばコンビニでのアルバイトであれば、仮に時給が九〇〇円だとして、一時間働いて九〇〇円をえることができる。さらにいえば、その一時間働くのは実はあなたでなくてもよく、その時間に予定のない人間であれば誰でもよいのである。その意味でもコンビニで働いた一時間は、あなたはカエの利く、労働力商品になっていたのである。おじいちゃんがあなたに肩をもんでもらうのは、きっとあなたでなければならないはずだ。そこには人間と人間の関係がある。しかし、コンビニでのアルバイトはそうではない。この点は、第一の問題点とも大きく関係しており、商品に関わる領域においては、人間がカエの利く存在としてあるがゆえに、言ってみればある一定の条件さえ満たせば（弁護士、医師、看護師といった資格など）働くのは誰でもいいわけであり、そこでの人間と人間の関係はきわめて希薄になって、よそよそしいものになってしまい、共同性を喪失させるのである。

まとめれば、商品に関わる領域の背景には人間の商品化がある。この人間と自然の商品化についてもう少し我慢強く考えてみると、そもそも人間の労働力は、人間の身体、ないしは生命としての自然の側面に基づいている。したがって、人間の労働力の商品化は、人間の生命性の商品化なのである。そして、つまるところ、人間の商品化は自然の商品化である。

商品化とは、商品に関わる領域においては手段化である。したがって、人間と自然の商品化とは、人間と自然の手段化であると言える。自然に対して、われわれは、手段化できる植物は愛でるが、手段化できない植物に対しては、雑草と呼び、まとめて排除の対象とする。人間においても、現代社会においては手段化できない「役立たず」はどうなってしまうか。排除の対象となってはいまいか。交換価値の次元では、この排除の構造はより苛烈なものとして現れることとなる。

人間と自然の商品化、手段化と言われて、ぴんとこないかもしれない。あなたが手段化されていると言われても、「わたしは単に誰かの手段ではない」と反射的に反論したくなるかもしれない。それもそのはずで、商品に関わる領域を拡大し、人間と自然を商品に関わる領域に閉じ込めようとする「誰か」は、現代社会においてよほど目をこらさなければ不可視な存在としてある。そのような「不気味な存在」が現代社会を跋扈している。

2　人間と自然の手段化と「不気味な存在」

われわれ人間は、「不気味な存在」によって手段として捉えられ、生きている。一見、自らの意志で生きているようで、どこか何者かによって動かされて生きている感覚。言い換えれば、〈かんがえること〉をしているようで〈かんがえること〉の放棄を求められているような感覚。この感覚を持ちながら、生きているのは本章の担当者だけだろうか。このことは、意識性の放棄と言えよう。

人間をもっぱら手段として扱う。こう言えば、そんなことは悪いに決まっているではないかと皆が言う。しかしながら、現代社会を見ていると、人間をもっぱら手段として扱う場面を多く目にする。いわゆる「ブラック企業」が跋扈し、文字通り使い捨てされ、もっぱら企業の手段として扱われる人間。ビリヤードで一つのボールが、もう一つのボールをはじくように人間・自然が作用するように捉えられ、扱われる(3)。現代社会はモノの世界になっているのだ。そして、そのモノをコントロールするのは、一見人間に見えて、その実、人間ではない。では、人間ではないのであればなにか。それを私は本章において「不気味な存在」と言いたい(4)。

一見、単純に人間が自然をコントロールしているように思える。この見解も間違ってはいない。そういう場面は多々ある。しかし、その先には、人間から市場経済が「自立」し、市場経済という人間の意志とは関係なく動く、いるのかいないのかわからないながらも強大な力を持った「不気味な存在」にコントロールされる人間がある。その「不気味な存在」にコントロールされるのは、人間だけではなく、自然も同様である。

この話を少し表現を変えて語れば、以下のようになる。ここでは「コントロールすること」というのは、「手段として扱うこと」と言ってよい。実際の歴史の流れとは必ずしも一致しないかもしれないが、論理的に現代社会に至る経緯を追えば、まず人間は自然を手段として扱う。そして、人間と自然の商品化という決定的な契機により、人間と自然が「不気味な存在」の手段として扱われる。

そもそも「不気味な存在」が不気味なゆえんは、二点ある。第一に、先に述べたように「不気味な存在」が人間をコントロールしてしまうに至っている点である。人間が作り出した、人間ではないものが人間らしいことをやってのけているからである。より重要なのは二点目である。「不気味な存在」は、われわれにとっては生きる選択肢を狭め、窮屈な思いを感じさせる。人間はそもそも選択を迫られ、選択を繰り返すことによって生きながらえてきたとも言える。しかしながら、その選択肢を人間それ自身で考えて、自らで考えた選択肢の中から選択するか、その選択肢そのものが何者かによってもっぱら与えられるかではわけが違う。「不気味な存在」が、先に述べた「一見、自らの意志で生きているようで、どこか何者かによって動かされて生きている感覚」の源泉になっているのにもかかわらず、現代社会において本気で考えようとしている言説は少ない。このような現代社会の状況こそが、「不気味な存在」が不気味たるゆえんの一点目に関わる。この「不気味な存在」が不気味たるゆえんは、「不気味な存在」が存在することが所与のこととして捉えられていることである。だからこそ目をこらさなければ不可視なのである。「不気味な存在」が存在することは当たり前になって、何を考えるにしてもわれわれが生きていく上での前提になっている。実は、前提でもなんでもないのにもかかわらずである。人間は「不気味な存在」が存在しなかった頃から、しっかりと生きているのがなによりの証拠である。「不気味な存在」との軋轢が生まれた場合、「生きていくには仕方ない」、だいたいそんな言葉でなし崩し的に片付ける。あくまで、「不気味な存在」を前提にどうすればよいかという指針を考えるがゆえに、そういった言葉を繰り返す中で、「不気味な存在」の所与性は強固にされていく。

「不気味な存在」の問題性について語ることはほぼない。「不気味な存在」が所与のこととして捉えられることとは決定的な意味を持つ。「不気味な存在」を所与のことと捉えること、すなわち、自らがもっぱら手段して扱われることをなかば積極的に受容する姿勢こそ、市場経済メカニズムの完遂した状況なのである。この状況下にあっては、「不気味な存在」は後景にのいてしまい、問題として主題化されることがない。それが現代社会である。

したがって、この「不気味な存在」を可視化することがまずもって重要である。批判的態度で「不気味な存在」を目をこらして見ることで、「不気味な存在」の輪郭を描き出すことができる。そしてその批判の強度を強めることによって、その「不気味な存在」の輪郭がよりはっきりするのである。不気味な存在を不気味なままにしておく、「必要悪」だといって見て見ぬふりをするオトナな態度もありえるかもしれない。しかし、カントが『純粋理性批判』第一版序文において形而上学に目を向けなければならないと強調している中で、以下のように言っている。「人間の本性にとって無関心ではあり得ないような対象に関する研究に対して無関心を装うとしても無駄である」(カント、二〇一四、七)、と。こういった態度で「不気味な存在」に対峙する必要がある。

改めて言えば、「不気味な存在」の論理を明確にし、さらに不気味な存在を改めて人間の手の中に取り戻し、不気味な存在を改めて手段化することが現代社会に求められているのである。人間と自然がもっぱら手段として扱われる契機は、労働力の商品化であった。したがって、この問題の克服には、人間の脱商品化が求められ、その先には「不気味な存在」を縮減することがある。先の表現で言えば、商品に関わる領域を縮減することである。商品に関わる領域があれば、商品に関わらない領域がある。繰り返すようになるが現代社会は商品に関わる領域が拡大を続けている。それは裏を返せば、商品に関わらない領域が縮小している過程である。商品に関わる領域の拡大は、人間の商品化、手段化、そしてモノ化を促進させ、〈かんがえること〉の放棄が求められる。そのような状況にある人間に、「不気味な存在」を縮減することなどできるのだろうか。どのような人間が「不気味な存在」を縮減しえるのだろうか。

このように考えれば、現代社会において縮小してしまっている、商品に関わらない領域を守り、拡大していくことが重要であり、商品に関わらない領域における人間が、商品に関わらない領域の拡大、商品に関わる領域の縮減に貢献しうる。その場合の人間は、どのような人間なのか。以下に、ケアの倫理を考えることを通じて、人間のあり方について考えてみたい。

3　共同／生命性と意識性

以上のように考えてみると、「不気味な存在」登場以前に戻って、共同／生命性の回復を模索しようという議論もありえるが、本章は「昔に戻ろう」という前近代回帰の方向とは逆の方向に視線が向いている。第1節でも確認したように共同体は「異質な他者」を抑圧、排除する論理を内包している。共同体の論理による歴史上の悲劇を学んだわれわれは、その災禍を繰り返してはならない。近代は共同／生命性を捨象し、意識性を称揚した。デカルトは、「我思うゆえに我あり」という言葉にあるように、〈かんがえること〉、すなわち意識性を人間の本性に据えつつも、人間が生命性と共同性は、その議論の射程には入っていなかった。そして、その帰結として、意識性をも手放してしまったと言えよう。しかしながら、意識性は、人間にとってきわめて重要である。人間は〈かんがえること〉、すなわち意識性を通して、個性、尊厳、唯一性を備えた存在になりうる(5)。したがって、考えなければならないのは、「意識性ではなく共同／生命性」（前近代）ではなく、同様に「共同／生命性ではなく意識性」（近代）でもない。考えなければならないのは、共同／生命性と意識性の関係なのである。

哲学史においても、やはり人間にとって共同／生命性は重要であるとして、承認、共感といったキーワードを伴ってデカルト以降、継続して論じられてきた。その中の一つに、ケアに関する議論がある。

本章では、「ケアと倫理」の関係を考えることを通じて、共同／生命性と意識性の関係について考えてみたい。

1 ケアの倫理

ケアと倫理が結びつけられたケアの倫理（ethic of care）は、発達心理学者のキャロル・ギリガンの著書である『もうひとつの声』*In a Different Voice*〔一九八二年〕によって提起された。ギリガンの問題意識は、それまでの道徳発達理論に対する疑問から立ち上がってきた。研究を重ねる中で、「人びとが道徳について語るときの語り方に二通りあるということ、また他人と自己との関係を述べるときの述べ方に二通りあるということに気がついた」（ギリガン、一九八六、ix）とギリガンは言うのである。それまで説明されてきた道徳性は、「正義の倫理（ethic of justice）」であり、ギリガンはもう一通りの「ケアの倫理」を主張することとなるのである。

「正義の倫理」と「ケアの倫理」における人間観が象徴的に語られている一節があるので紹介したい。「分離をとおして特徴づけられる自己と、結びつきを通して特徴づけられる自己との対照が、あるいは欠点がないという抽象的理想に照らして測定される自己と、思いやりという特別な行動をとおして評価される自己との対照が、ここでよりいっそう明らかになってきます」（ギリガン、一九八六、五八）、と。「ケアの倫理」では、他者との結びつきを通して特徴づけられる自己が存在している。すなわち、他者との共同性を基礎にした人間観がそこにはある。他方、「正義の倫理」では、「分離をとおして特徴づけられる自己」が存在している。すなわち、共同性なしに、他者から独立した個体としての人間観が浮かび上がる。正義の倫理が背景に持つ人間観からは、共同性なしに意識性を強調するデカルトの考え方が示されていると言えよう。

確かに、正義の倫理の背景にある共同性なしに意識性が強調される人間観に対する批判としては、本章の立場からも同意できる。しかし、二点ほど問題があるように思われる。第一に、ギリガンにおいて人間発達は「二つの異なる様式の経験の統合」にこそ見えるとはされるものの、共同性と意識性が対比的に捉えられているということである。第二に、ケアは倫理として成立するのかということである。この二点を考える上でもケアについてより詳細に見ていきたい。

2 ケアにおける共同／生命性と意識性

「ケア」についてメイヤロフと、ノディングスの議論をみていこう。メイヤロフは、一九七一年に『ケアの本質』*On Caring* を著した。その冒頭でこのように述べている。「ケアする対象を、私自身の延長のように身に感じ取る」（メイヤロフ、一九八七、一八）、また続けて「私は他者を自分自身の延長と感じ考える」（同書、二六）、と。この主張は、先のギリガンの「ケアの倫理」の背景となる人間観と関連させて考えれば、「私自身の延長」として他者を捉えることからケアを通じて共同性を前提とした人間がそこには表れている。また、「ケアにおいては、他者が第一義的に大事なものである。すなわち、他者の成長こそケアするものの関心の中心なのである」（同書、六八）と述べる。同時に、「相手をケアすることにおいて、その成長に対して援助することにおいて、私は自己を実現する結果になるのである」（同書、六九）と述べる。共同性を前提としているからこそ、他者を第一義的に大事なものとしつつも、それは同時に自己実現、言い換えればあなたがあなたでいることが共同性を通して確証されることにもつながるというわけなのである。本章にそって言えば、共同性を通して、人間の個性の根にある意識性にたどり着けるのである。

次にノディングスは、一九八四年に著した『ケアリング』*Caring* の冒頭で、「ケアするということは、心的状態、つまり、なにかや、だれかについての、心配や、恐れや、気づかいの状態にあることなのである」(ノディングス、一九九七、一三〜一四)と述べている。筆者なりに理解するならば、他者の心配や恐れなどの生命性に基礎を置いた気づかいの心的状態がケアするということなのだと述べていると理解できる。すなわち、ケアとは生命性と深く結びついた共同性を帯びた行為なのである。

この両者のケアに関する考察を踏まえて考えれば、共同性と意識性は対比的に捉えるものではなく、人間は共同性の上に意識性が成り立つことがわかる。同時に、その共同性は、生命性と深く結びついているのである。したがって、本章の立場からまとめれば、人間において相互補完関係にある共同／生命性を基礎にして、その上に意識性が成立すると言える。

3　ケアの「倫理」への批判

同時にケアと倫理の関係についてはどうだろうか。ケアは心的状態であり、理性ではなく、感情に属する事柄であろう。本章の立場において倫理を問わなければならない場面は、異なる価値観が存在している場面であり、それを理性によって調停する場面である。したがって、倫理は、理性的に語られねばならない。倫理を理性的に論じることで、人間の社会的行為を共有することができるのである。もし倫理が直情的に語られるものであるならば、繰り返し述べているように、感情を共有する者同士でつながることはできても、感情を共有できない者はかやの外に置かれてしまい、ひいては排除の対象になってしまうだろう。したがって、メイヤロフやノディングスの議論を踏まえて考えてもやはり、ケアは倫理とは言えない。しかしながら、共同／生命性を強調するケアに関する議論は、倫理を考える上できわめて重要である。

この点を考える上でカントの言葉に耳を傾けてみたい。カントは、『判断力批判』の注釈の中で以下のように述べている。

いやしくも反省的な心をもつ人ならば、理性的世界創造者について明白な観念をもつ前に、美に対する感嘆の念と、多様を極める自然の目的から受けた感動とを感知することができる、そしてかかる感嘆と感動とは、何か宗教的感情に似たものを含んでいるのである。それだからこの感嘆と感動とは、まず道徳的な判定の仕方に似た仕方で道徳的感情にはたらきかけるし、また単なる理論的考察によって生じえる関心よりも遙かに深い関心と結びついているような感嘆の念を喚びおこす場合には、道徳的理念を励起することによって心にはたらきかけるのである。（カント、一九六四、二二六〔下巻〕）

感嘆と感情は「道徳的な判定の仕方に似た仕方で」道徳的感情にはたらきかけるという、そしてその道徳的感情は道徳的理念（本章では倫理に該当）に働きかけるというのである。人間は、相互補完関係にある共同／生命性を基礎にして、その上に意識性が成立する存在である。そのことをカントは示唆しているように考えられる。

4　共同性と生命性

本節の最後に改めて共同／生命性の関係について考えたい。心理学者であるトマセロは、「赤ん坊や幼い子どもたちが、それ以外の条件下ではもちろん利己的にふるまうとしても、適切な条件下では、援助的・情報伝達的かつ寛容にふるまう準備ができた状態で、文化に接触する」（Tomasello, 2009, 44.）と述べている。さらに「幼い子どもによる援助行動には共感的な気遣い（empathetic concern）が介在している」（*ibid.*, 18）、「外的報酬ではなく、このような気遣い（concern）こそが幼い子どもたちの援助行動を動機づけている」（*ibid.*, 19）と述べている。このことは、人間が幼いときは、利害関係抜きで、共同性を求めるのである。しかし、「自立性が高まるにつれて、子どもたちはより選択的に『こちらを利用したりしそうにない相手』、さらに言えば、『お返しをしてくれる相手』を利他的行為の対象としなくてはならなくなる」（*ibid.*, 44-45）とし、自立性が高まり、〈かんがえること〉をするようになると利害関係を考えるようになってしまう。

人間は発達段階の中で意識活動が未発達な段階において、すなわちまさに生命性が前面に出ている状態において、他者と共同性としての気遣いをすることができる。したがって、人間にとって生命性は、共同性と深く連関していると言えよう。そして、先のカントの引用から考えれば、自然の生命性は、人間の感嘆や感情を喚び起こし、道徳的感情に、そしてさらに倫理に励起することになるのではなかろうか。

本節で考えてきたように、人間は相互補完関係にある共同／生命性を基礎にして、その上に意識性が成立する存在である。共同／生命性なしに意識性は成立しえない(6)。

以上、現代社会の人間と自然の捉えられ方を踏まえながら、人間のあり方、特に共同／生命性と意識性の関係、ならびに共同性と生命性の関係について考え、相互補完関係にある共同／生命性を基礎にした意識性を備えた人間を結論として導き出した。こういった人間のあり方を考えることにどのような意味があるのだろうか。この問いにこたえることを本章の結び、また第一部の「人間学から環境哲学へ」という課題への回答としたい。

先に、倫理は、理性的に語られねばならないと述べたが、その理性はデカルトが想定したような実体としての精神、ないしは意識による理性ではなく、共同／生命性を基礎にした豊かな理性である。そのように考えれば、ケアの「倫理」で主張されたような「倫理」のあり方を含みうるような倫理を構想する地平が開かれるのではなかろうか。そして、共同／生命性を基礎にした豊かな理性とそれに基づく倫理は、これまでの倫理で半ば置き去りにされていた、本章の文脈から言えば自然や動物といった、言葉をもたぬ存在への配慮の可能性を持っているように考えられる。このことは、環境哲学、環境倫理学の抱える大きな問題の一つでもある。

そして、本章で主張した人間のあり方は、社会のあり方を規定する。第1節で展開したことではあるが、人間の生命性と共同性の相互補完関係は、社会の次元で言えば共同体と自然の関係に及び、同様に人間の共同／生命性を基礎にした意識性のあり方は、共同体と公共圏の両立を可能にする。社会のあり方に関するこれらの課題を考えることは環境哲学の主要な関心でもある。人間を考えることは、環境哲学を考える、ないしは、環境哲学することにも通じるだろう。

●注

1 翻訳文献の翻訳を本章において訳し直していることもある。アリストテレスからの引用は、ベッカー版『アリストテレス・オペラ』に依拠する。カントからの引用は、アカデミー版『カント全集』に依拠し、本全集の巻数（ローマ数字）と頁数を併記する。

2 理性は、道具的理性、コミュニケーション的理性などさまざまに語られてきた経緯がある。本章においてはそれを十分に踏まえることができなかった。したがって、本章の立場における理性のあり方を追求していくことが今後の課題となる。

3 自然と人間のモノ化、手段化の帰結を象徴的に示しているのが公害であろう。その公害と向き合った医師の原田正純は、以下のように述べている。「水俣病事件の原因のうち、有機水銀は小なる原因であり、チッソが流したということは中なる原因であるが大なる原因ではない。水俣病事件発生のもっとも根本的な、大なる原因は〝人を人と思わない状況〟いいかえれば人間疎外、人権無視、差別といった言葉で言いあらわされる状況の存在である。これが一九六〇年から水俣病と付き合ってきた私の結論である」（原田、一九八九、七）、と。

4 不気味な存在は、官僚制（国民国家、ないしは〈官〉、〈公〉）と市場経済（〈産〉、〈私〉）と併せて、「システム」であるという向きもあろう。さらには、科学・技術のあり方をも含めて三すくみの構図で考えるべきだろう。しかしながら、さしあたり本章では、市場経済の話から説きおこす。

5　カントは、『倫理の形而上学の基礎付け』において「すべてのものは価格を有するか、尊厳を備えている。価格を有するものは、そのもののかわりにまた、等価物としての或る他のものが置き換えられることができる。これに対して、あらゆる価格を越えており、かくてまたいかなる等価物も許さないものこそが、尊厳を備えているのである」（カント、二〇一三、一七二）と述べている。「きみの人格やいっさいの他者たちの人格のうちにある人間性を、つねに同時に目的として取りあつかい、けっしてたんに手段として取りあつかわないように行為せよ」という定言命法と合わせて考えると、人間の商品化、手段化されない側面にこそ人間の尊厳がある。だからこそ、人間を単に手段として捉えてはならないのである。

6　なぜ脱原発なのか。これまでの議論を通じて、この問いに一つの回答を出せるかもしれない。原発は、「不気味な存在」を象徴的に示している。科学技術、資本主義、国民国家、それぞれの負の側面が凝縮しているように考えられる。日本においてさまざまな自然災害から逃れることはできず、この注を読んでいるこの瞬間に、統計的に何年に一度の災害が起こらないとは言えない。そういった中で、原発は、われわれに惨禍をもたらす。その惨禍は、幾人かの死に留まらない。フクシマ問題から明らかになったように、惨禍に遭った土地から離れなければならない。住民がその土地から離れることは、人間同士のつながり、人間とその土地のつながりを引きちぎることを意味する。そして、〈考えること〉の基盤を失うことになるのである。新たな土地に移り住み、そこで基盤を形成することになるかもしれないが、新たな土地での基盤は、もとの基盤とは異なる。人間にとって〈考えること〉が唯一性であり、尊厳であるとするならば、原発の惨禍によって住民の土地を奪うことは人間の尊厳を奪うことになるのである。

●引用・参考文献

アリストテレス（一九六一）『政治学』山本光雄訳、岩波書店。

アリストテレス（一九六八）「エウデモス倫理学」『アリストテレス全集14』茂手木元蔵訳、岩波書店。

アリストテレス（一九七三）『ニコマコス倫理学』高田三郎訳、岩波書店。

カント、I（一九六四）『判断力批判』篠田英雄訳、岩波書店（Kant, I.〈2006〉*Kritik der Urteilskraft*, Felix Meiner Velag.）。

カント、I（二〇一三）「倫理の形而上学の基礎付け」『実践理性批判・倫理の形而上学の基礎付け』熊野純彦訳、作品社（Kant, I.〈2009〉*Grundlegung zur Metaphysik der Sitten*, Felix Meiner Velag.）。

カント、I（二〇一四）『純粋理性批判』石川文康訳、筑摩書房（Kant, I.〈1998〉*Kritik der reinen Vernunft*, Felix Meiner Velag.）。

ギリガン、C（一九八六）『もうひとつの声——男女の道徳観のちがいと女性のアイデンティティ』岩男寿美子監訳、川島書店（Gilligan, C.〈1982〉*In a Different Voice*, Harvard University Press.）。

トマセロ、M（二〇一三）『ヒトはなぜ協力するのか』橋彌和秀訳、勁草書房（Tomasello, M.〈2009〉*Why we cooperate*, the MIT Press.）。

ノディングス、N（一九九七）『ケアリング——倫理と道徳の教育－女性の観点から』立山善康ほか訳、晃洋書房（Noddings, N.〈1984〉*Caring*, University of California Press.）。

原田正純（一九八九）『水俣が映す世界』日本評論社。

南方熊楠（一九七一）「神社合祀反対意見」『南方熊楠全集』第七巻、平凡社。

メイヤロフ、M（一九八七）『ケアの本質——生きることの意味』田村真・向野宣之訳、ゆみる出版（Mayeroff, M.〈1971〉*On Caring*, Harper & Row Publishers.）。

第5章■吉田健彦

環境化する情報技術とビット化する人間

〈現代情報社会における人間存在を問い直す〉

はじめに

環境哲学という言葉を聞いたとき、その環境が何をさしているのかについてわれわれがまず思い浮かべるのは、おそらく自然環境のことだろう。ことさら自然を冠することがなくとも、環境という言葉の意味内容に、われわれは無自覚的に自然を含んでいる。では、現代社会を規定する重要な要因である情報技術についてはどうだろうか。インターネットがもはや当然のインフラとなり、スマートフォンを片手に道を歩く人びとが日常となったいま、われわれはその光景を情報環境という言葉によって表現する。しかしこの場合、環境がその意味内容として自然を内包していたのとは異なり、情報は冠することが必須となる。本章では、人間にとっての情報技術が技術単独として分離できるような状況を超え、既に環境化してしまっていると考える。ただしここに現れているのは環境の変化だけではない。環境が人間の生存の基盤である以上、この、自然と技術の融合した新たな環境(1)に生きる人間もまた、本質的な変容を遂げずにはいられない。それは人間のビット化を進行させることになるだろう。

ただし本章の目的は、これらの状況に対して、情報化をあたかもわれわれの生から取り外し可能な外的要因であるかのように否定し、幻想としての別の未来を提示することにあるのではない。それは端的に不可能である。なぜなら情報技術の環境化は、技術なしには在りえない人間存在の根源に刻まれた指向性の結果であり、それゆえ、現在われわれが直面している——環境危機や技術の無際限な進歩、あるいは生命性の希薄化といった——諸問題は歴史の必然だからである。その意味で、これは単なる技術論の枠組みでは扱えない人間学としての問いである。同時に、そこで問われているのが環境の根本的な変化であることから、環境哲学の問いでもある。そして人間存在が環境を変化させ、その新たな環境がその中で生きる人間存在を変容させる以上、要するにこれは、環境哲学と人間学をつなぐ問題となる。

環境とは何かを問うということは、われわれが生きているいま・こことはどのようなものなのか、すなわち、われわれの生きているこの現実とは何なのかを問うことである。そしてそれは、その現実の中で生きているわれわれとは誰かを問い直し、われわれの生のリアリティを問い直す作業に他ならない。

本章の構成は以下のようになっている。まず第1節では、情報技術が環境化するとはそもそもどういうことなのかを定義する。その上で第2節と第3節では、情報技術の環境化が人間の生にどのような影響を与えるのかを、不死への欲望に結びついたLifelog、そして支配と所有の欲望に結びついた3Dプリンタを通して見ていく。そして第4節では、そのような中でなお、われわれがわれわれの生のリアリティを失わないためにはどうすべきかを考察する。

1　情報技術の環境化

コンピュータの基礎を作ったチューリングの計算理論とフォン・ノイマンのオートマトン論（一九三〇〜四〇年代）、あるいは情報理論の分野を切り拓いたシャノンの「通信の数学的理論」（一九四八年）などが、現代情報社会を生きるわれわれの日常に満ち溢れる無数の情報技術の起点となっていることは確かだろう。けれども、情報時代というものがいつ開始されたのかについてはさまざまな議論がある（例えば［ヘッドリク、二〇一一、八〜九］）。いまわれわれが手にしているメディアが持つ基本的な方向性——より遠くに、より早く、より正確に、より多くに、より多くを——は人類の歴史においてつねに見ることができるし、そもそもわれわれはいついかなる時代においても情報に囲まれて生きており、かつ生きざるをえない。しばしば情報技術と同一視される仮想性《ヴァーチャリティ》もまた、古くは神話を想起すれば明らかなように、人類史の始原からともにあった。フリードバーグ（二〇一二、一六〜一八）が的確に指摘しているように、仮想性とデジタル技術を安易に結びつけるような議論には意味がない。ではいったい、どこに現代における情報技術の革新性があるのだろうか。

本章では、それは情報機器の小型化、低コスト化という点にこそあると考える。表層的には単なる技術的な進歩でしかないこの二点こそが、現代という時代を、そしてそこで生きるわれわれを特殊な歴史的段階へと導く決定的な要因となる。

最初期のコンピュータであるＥＮＩＡＣは、その大きさや消費電力、メンテナンスに必要な専門知識や維持コストなどのすべてが、われわれの日常生活の尺度を超過するものだった。けれども、いまわれわれの大半が手にしている——まさに手のひらに収めることができるものとしての——スマートフォンは、ENIACをはるかに超える性能を持ち、汎用機械として通話やインターネットのみならず、GPSによる位置情報の取得や電子マネーによる決済、内蔵カメラによる撮影など、われわれの日常のさまざまな場面において利用されている。

また、RFID（Radio Frequency Identification）は、数ミリ角で低コストであり、人間や動物をさえ含めたあらゆる商品に取りつけることができる。RFIDを利用することで、効率的な物流管理が可能となる。Suicaなどの IC乗車券もまたわれわれの行動経路を記録できるが、それはわれわれ自身が労働力商品であるのを示しているだけではなく、その移動経路の総体、すなわちわれわれの生活そのものがビッグデータ(2)として商品価値を持つことも意味している。

街中に張りめぐらされた無線LANのアクセスポイントや携帯電話の基地局は、われわれがどこにいようとインターネットへアクセスすることを可能にし、あるいはインターネットがわれわれにアクセスすることを可能にしている。高度約二万キロメートルに位置するGPS衛星の信号はわれわれがどこにいようと導いてくれると同時に、国家や企業がわれわれの所在や移動をつねに監視することを可能にもしている。けれども、われわれは普段、大気中を無数に飛び交うこれらの電波や準同期軌道上にある衛星のことなどいっさい意識することはない。

われわれにとって情報技術の存在は、既にわれわれの意識下に追いやられ、いわば空気のようなものとして、あってあたりまえのものとなっている。このように情報技術インフラが遍在化し透明化することを、ここでは情報技術の環境化と呼ぶことにしよう。

一昔前であれば、「現実」と電子的な「仮想」は明確な境界線によって区別しえるものだった。ファミコン（一九八〇年代）であれば、われわれはコントローラという原始的なインターフェイスによって、重く分厚い鉛ガラスによって隔たれたTV画面上に描かれる世界の中でドット絵のキャラクターを動かし、遊んでいた。それはまさに、情報技術に対するステレオタイプな理解の象徴と言えるだろう。けれども、情報技術の環境化が意味しているのは、このような現実と仮想の境界線を、われわれがもはや明確に示せなくなっているということなのである。

それでは、情報技術が環境化してしまった社会とはどのようなものだろうか。情報技術の環境化が引き起こすのは、われわれの生きている現実空間そのものの変容である。それは何よりもまず現実であり、そして分割不可能なものなのだ。

ここで重要なのは、このとき、情報技術において道具と情報の差異もまた消失していくということである。コンピュータは、そもそも人間のあらゆる論理的思考をより強力に代替できるという点において、これまでわれわれが作り出してきたいかなる道具——ある特定の目的のために作られた物理的なモノ——からも一線を画している。一昔前の巨大なデスクトップPCであれば、そこにはまだ道具としてのモノが持つ確かな存在感があった。けれども情報技術が環境化し透明化していくとき、そこに道具としての情報技術を見出すことはきわめて困難になっていき、最終的にはただ情報だけが残されることになる。例えば、巨大なハンディカムを抱えて運動会で子供を撮影していた時代と、身につけていることを意識しないまでに極小化されたウェアラブルデバイスに“OK glass, take a video.”と呟くだけで自分の視界をそのまま記録できる時代とを比べれば、道具と情報の関係性がよりシームレスになっているのは明らかだろう。

要するに、われわれはいま、情報技術を――まるで空気や水のように――その意味に内包した新たな環境の下で生きているのである。この情報技術の環境化こそが、環境哲学から情報化を眼差す際の最大の前提となる。

情報技術の環境化は、決して技術単体で自律的に進化してきた結果ではない。そこには情報化によって可能となるコミュニケーションの拡大と不死（永遠の記録）への欲望、そして死への恐怖の反射としての支配と所有の欲望という、人間の本性が深く関わっている。われわれが他者に語りかけ、語りかけられることを望み、死の恐怖から逃れたいと願う限り、情報化は人間自身の姿としてそこに在り続ける。そして同時に、技術はそもそもそれ自身に無際限性を内包しており(3)、制限できないものとしてわれわれの前に現れる。そうである以上、われわれは情報化をある特定の時代や空間に固有の、かつ法制度的、工学的に制御可能な問題として捉えるのではなく、人間論的な観点から理解していくよう、試みなければならない。

2 不死への欲望と人間のビット化

では、情報技術が環境化していく中で、人間はどのような影響を受けるのだろうか。古くから人間は環境を改変し、その改変された環境によって人間自らも改変されてきた。同じように、さまざまな情報技術を生み出し、現実と仮想が融合して新たな環境を生み出すに至ったとき、人間自身もまたこの新たな環境の中で変容の圧力を受けることになる。

ここでは、人間が普遍的にもつ不死への欲望と情報技術が結びついた典型例として、Lifelogについて考えてみよう。

われわれの人生は、一般的に膨大な情報によって満たされている。例えば、今朝起きてからいまこの文章を読むまでに目にしたもの、聴いたもの、ふれたもののすべてを数えあげることを想像してみよう。それには途方もない（ほとんど不可能な）労力と時間が必要だということがわかる。

けれども、情報技術の環境化によって、われわれは自覚的にあるいは無自覚的に、われわれを取り巻くあらゆる情報を記録することができるようになる。それを可能にする技術の総体をLifelogと呼ぶ(4)。先に述べたスマートフォンやＲＦＩＤといった情報機器によって、われわれの生活の電子的な記録を簡単に残すことができるようになった。しかし、そこにはいったいどのような意味があるのだろうか。

これまでの人類史では、ある特定の共同体におけるある特定の階級の構成員の生活史には、それほど大きな差異はないと考えられていた。つまり、例えば中世ドイツの農民、あるいは西洋文明が侵入する以前のイヌイットなど、特定の文化的グループ内に属する人びとは、（現実にはどうであれ）多かれ少なかれ似たような生活を送っているとされていたのである。

けれども、近代化の過程において情報化とともに個人主義もまた進んでいく中で、一人ひとりの人生の差異に対する価値観もまた、増大していった。誰もが同じ生活を送っているのであれば、この私・のLifelog（生活の記録）になど、ほとんど意味はない。けれどもし、私の人生が替えがたくユニークであるのなら、そこには記録する価値がある。無論、実際にはどのような時代であれ、われわれの人生は、それぞれ代替不可能な固有性を持っている（ただし、それ故それが無条件に素晴らしいものであるとは限らない）。しかし、共通しないわずかな部分を記録するためには、非現実的なコストが必要となる。情報技術の環境化は、この、それぞれに固有の生活を記録する経済的、心理的コストを劇的に低下させる。

　われわれはLifelogによって、どこへ行ったのか、何を食べたのか、何を見たのか、何を買ったのか、誰と話したのか、そして何を感じたのかというあらゆることを記録していく。それにはスマートフォンから接続されるＳＮＳ、そして内蔵カメラによる撮影やＧＰＳによる位置情報などさまざまな技術が利用されるだろう。そして、目には見えないが、その背後には無線の通信回線や軌道上の衛星などが環境そのものとして関わっている。

　このLifelogが、われわれにとって既に与えられているもの(5)となることにより、人間存在は大きな危機に曝されることになる。環境化した情報技術によって、われわれはその中で生きるわれわれについてのあらゆる記録を取ることができるようになると思い、またそうであることを欲望する。

　しかし本当はそうではない。Lifelogはその名のとおり、まさにlog（記録）でしかない。logの本来の意味は航海日誌であるが、いうまでもなく、航海日誌はいくら詳細に取られても、航海の経験それ自体にはなりえない。それは、もしそれだけであるのならたかだか記録のreplay《再生》に過ぎず、決してregeneration《再生》ではないのである。にもかかわらず、Amazonのレコメンダーシステムに代表されるように、これらのLifelogがわれわれの生活を導く（実際には制限する）ものとしてフィードバックされることにより、われわれの生の記録から、記録により規定されるわれわれの生という逆転が生まれる。

ここにおいてわれわれは、自分の内面をすら、外部から客観的に監視し記録できる行動履歴と同じようなものとして扱うようになる。それは、技術によって支配できる——実際にはそれは幻想に過ぎないのだが——外的自然と完全に同じ次元において、われわれの内的自然を制御しようとすることに他ならない。その制御の在り方は、他者との関わり（コミュニケーション）の中で形づくられる生の規範とはまったく異なる不気味なものだろう。オーウェルはまだビッグ・ブラザーの顔を（超—人格的なものであれ）想定することができたが、われわれの生きる世界にはもはやいかなる顔もなくなる。それは私であると同時に誰でもよい私たちであり、アルゴリズムであり、抽象的な数値の集合であるような無貌の何ものかとなる。

環境化する情報技術は、人間に対して、限りなくその使用を意識させないようなインターフェイスを持つ。しかしそのインターフェイスは、それゆえ自由度の制限を伴い（自由度があれば、われわれは考えなければならない）、人間をその自覚なしに適応させる方向にも力を持つ。ただしこの制限は、単に技術的な未成熟によってもたらされるのではない。自然環境が人間の生存に制約を与えているのと同じ意味において、例えば仮にTwitterから一四〇文字という入力制限が取り外されたとしても、そこにはTwitterというアーキテクチャそのものが持つ制限が存在し続ける。

私は自らが永遠に残ることを願い、私に関わるものごとを記録していく。そして環境化した情報技術は、その中で生きるわれわれがただ移動し、消費し、選択するだけでも、そのすべてを自動的に記録していく。けれども、人間の不死への欲望とデジタルデータの持つ永遠性とが結びつくとき、記録する私は、制限されたアーキテクチャによって記録された0／1のビット列へと転倒してしまうことになる。

情報技術の環境化が意味しているのは、あくまで記録するシステムの環境化であって、記録の実世界化ではない。生体認証によって扉が自動的に開くようになるとき、そこで機能している生体認証システムが意識されないままにわれわれの固有性を保証し、いつ誰がその扉をくぐったかということが電子的に完全に記録されるとしても、相変わらずそこでは、扉をくぐる私自体がビット化されているのではない。認証システムが開くことを許した扉のみがわれわれにとってこの世界における「扉」なのではなく、開こうが開くまいが、世界には無数の扉が存在している。Lifelogは、根本的なところで生命とビットとの区別が喪失されたという誤認をわれわれにもたらす危険性を持っている。

生命とビットは異なるか、と問われれば、多くの人が当然のこととして異なると答えるかもしれない。けれども、それが一般論としては理解されるとしても、Lifelogを可能にしている情報技術が環境化されるとき、われわれはもはや、そのような問い自体を発する契機を見出せなくなる。

3　支配と所有の欲望と人間のビット化

Lifelogの根底にある不死への欲望、すなわち死への恐怖は、その反射としてあらゆるモノに対する支配と所有の欲望へわれわれを引きずりこむ。けれども、死を底なしの深淵であると考える限りにおいて、そこにいくら有限のモノを投げこんだところで、満たすことはできない。したがって不死への欲望が永遠であるように、支配と所有の欲望もまた無限となる。

本節では、この支配と所有の欲望が情報技術と結びつくことによって起きる人間のビット化について、モノの無際限の複製＝リミックスを可能にする３Ｄプリンタを通して見てみよう。３Ｄプリンタは、Lifelogとは異なり情報技術の環境化と直接的に連関はしない。しかし人間のビット化という点においては同様に大きな影響を及ぼす。

今日の情報社会において、情報の伝達は原理的には光速かつ地球規模で行うことができ、それは地球上に生きるわれわれにとって理論上の限界値となる。一方モノそれ自体の伝送は、物流システムの持つ大きな制限の下に留まっている。しかし近年急速に普及し始めている３Ｄプリンタは、モノそれ自体の瞬間的な伝送を可能にする。

アンダーソン（二〇一二）はこの技術が旧来の工業社会における生産様式を大きく変えるだけでなく、文化にさえ変革をもたらすだろうと述べている。けれども、それだけではない。彼自身が指摘しているとおり、かつてコンピュータは、それ単体では引き起こすことのできなかった文明史的な変革を、インターネットと結びつくことによって、すなわちメディアとなることによって成し遂げた。同様に、３Ｄプリンタもまた、単なる生産技術ではなくメディアとして分析することで、初めてそれがもたらすインパクトを見極めることができるだろう。

では、メディアとしての３Ｄプリンタの固有性とは何だろうか。前述したとおり、それはモノをデジタルな情報として伝達できるという点にある。それは、モノをモノとして、情報をモノとして、あるいは情報を情報として伝達していた従来とはまったく異なる次元に、われわれのコミュニケーションを変異させることになる。

確かに、現代情報メディアが莫大な量の情報のやりとりを可能にし、それが物理的な（いわゆるリアルの）世界にまで影響を及ぼしているとしても、やはりわれわれの生活はモノに囲まれ、モノを基盤として成り立っている。けれども「アトム（モノ）」と「ビット（情報）」というアンダーソンの表現を用いていえば、3Dプリンタに代表されるようなモノの複製技術が一般的となっていく世界において、アトムはますますビットになっていく。その理由は「アトムがビットのごとく振る舞えるように作られるようになった」ためであり、そして何よりも重要なのは、ビット化することによって、アトムの改変がきわめて容易になることだ。「僕らはリミックス文化の中に生きている」（アンダーソン、二〇一二、九五〜九六）。

遠藤（二〇一三）は、Twitterなどの現代情報メディアは、発信元と受信先で情報が同時並存する点において、モノのコミュニケーションとは決定的に異なるという。また、モノは、たとえベンヤミンのいう複製技術によって複製可能であったとしても、それ自身確かな物質的実体を持つ以上その自由な改変は原理的に不可能であり、一方、Twitterにおけるリツイートに特徴的なように、現代情報メディアはその複製と改変の圧倒的な容易さによって、従来の複製技術よりもはるかに社会に影響力を及ぼしうる「メタ複製技術」（同書、九）なのだともいう。遠藤の主張は正しいが、しかしアトムとビットの境界線が失われていく現代において、3Dプリンタが持つ潜在力は、明らかに彼女の指摘を超えたところにある。いまやモノそれ自体のリミックスさえ、われわれには可能なのである。

ここで注意しなければならないのは、ここでいうリミックスが、単にあるオリジナルの多少の改変を意味しているのではないということだ。ボードリヤール（二〇〇九）が鋭く指摘しているように、現代におけるモノの在り方は、オリジナルに対する複製であることではなく、複製技術によって大量生産されることでもなく、もはやオリジナルが存在しない中で、最初から複製であるという認識に基づいて作られた「モデル」の差異の変調に過ぎなくなっているということにこそ、その本質を持つ。「互いに相手を規定しようのない無限のシミュラークル」(同書、一三〇)としてのモノは、現実の在り様そのものさえ変容させていく。「現実的なものの規定は、それに等しい複製の生産が可能なものということだ。……この複製過程では、現実は、単に複製可能なものではなく、いつでもすでに複製されてしまったもの」(同書、一七五)となる。

では、オリジナルが存在しない世界において、われわれはいったい、何に基づいて、何を作り出すことができるのだろうか。

3Dプリンタを使用するためには、まず3Dデータが必要となる。高度なそれを作成するためには専門的な知識と習熟が求められるが、簡単なものであれば、現実に存在するモノのかたちを取りこむこと(reality capture)がもっとも早いだろう。興味深いことに、3Dスキャナを最初に使うとき、「なぜだか、最初は自分の頭を取り込む人が多い」(アンダーソン、二〇一二、一二八)と言う。また、「天使のかたち」[6]というサービスでは、胎児を超音波エコーで撮影し、その顔を3Dフィギュア化することができる。ここには直観的に、何かしら不気味さが露呈している。われわれはなぜ、私の、あるいは誰かの顔をプリントしようとするのか。

複製技術によって、芸術からはアウラが消失していく。ベンヤミンは、写真の誕生によって、芸術は礼拝的価値から展示的価値へという徹底的な変化に曝されることになると考えた。それでも、アウラはそう簡単に消えるものではないということもまた、彼は理解していた。

初期の写真術の中心に肖像写真がおかれていたのは、けっして偶然ではない。遠く別れてくらしている愛するひとびとや、いまは亡いひとびとへの思い出のなかに、写真の礼拝的価値は最後の避難所を見いだしたのである。古い写真にとらえられている人間の顔のつかのまの表情のなかには、アウラの最後のはたらきがある。（ベンヤミン、二〇〇七、二二）

しかしそれは、果たして本当に「最後のはたらき」なのだろうか。スマートフォンの内蔵カメラがありふれたものになったいま、われわれは意味もなく自分の、あるいは互いの顔を撮りあう。無論、すべてがシミュラークルと化した社会において、シミュラークルと化したわれわれ自身の顔をいくら撮ったところで、そこにはアウラがあろうはずもないし、そもそもベンヤミンはアウラの喪失を嘆いているわけでもない。問わなければならないのは、アウラが（その是非はともかく）きわめて存在しにくいこの社会において、なおわれわれがわれわれの顔を複製しようとすることの意味である。

ボードリヤールはシミュラークルが三段階にわたって深化してきたと考えている。その最初の段階は、階級社会によって記号の持つ意味が固定化されていた時代（「拘束された記号の時代」）から、記号が制約から解き放たれ、あらゆる階級によって自由に用いられるようになる時代への変化である。けれどもそのとき、記号はかつて纏っていた権威の基盤を持たない。それゆえ、記号はあこがれから自らの準拠点として自然をめざすことになるが、それは結局のところ自然の模造としての自然らしさでしかない。この、自然へのあこがれと模造が、人間を世俗的な造物主にするのである。われわれは漆喰やコンクリート、あるいはプラスティックを用いて（奇しくもボードリヤールの挙げているこれらの素材は、いまわれわれが3Dプリンタで使用できる素材と一致している）、自然を自らの欲望のままに造り出し、自らの手中に収めようとする。コンクリートは、ボードリヤールによれば「まるで概念の作用のように諸現象を秩序立て、思いのままの形をとらせることを可能にする、精神的物質」（ボードリヤール、二〇〇九、一二五）なのだ。

われわれは既に、不器用に、あるいは高々手先の器用さによって漆喰を塗り固め、植物の模造品(7)を作る必要はない。かつてベンヤミンは、複製技術の「究極の効果」（ベンヤミン、二〇〇七、八〇）をその縮小技術に求め、巨大化し過ぎた制作物に対する支配と所有を大衆に対して可能にするものだと書いた。けれども、3Dプリンタ自体が大規模化し、コンクリートを噴射することで直接建造物を造り出すことさえ実証段階にあるいま(8)、人間という名の造物主の限界は、もはや存在しないかのようである。だがそれは、ビット化によってシミュラークルと化した人間ですらないものによる、人間ですらないものの所有であり支配に過ぎない。あらゆるものを造り出せる造物主になったとき、しかし造物主たる私は、もはやどこにも存在しない。

4　生のリアリティはどこにあるのか

人類史において仮想的なものはつねに存在してきた。ただし若林（二〇一〇）によれば、そこには〈遙かな根源〉としての過去と現在を結び、この場所に固有性を与える死者たち――要するに歴史や文化、そして伝統と呼ばれるもの――が存在していた。けれども、現代社会はこの〈時と場〉を失ってしまっていると彼は言う。われわれが電車に乗るとき、それは「具体的な道を身体で歩むこと、その道筋を経験して、具体的な他の場所やそこにいる他の人と出会うこと」(同書、一八二)ではなく、〈時と場〉を失い抽象化された――例えば新宿駅や渋谷駅という、標準化され固有性を持たない――場所から場所への、チューブとしてモデル化される移動でしかない。われわれはチューブの中を移動しつつ、スマートフォンなどの液晶画面という「窓」を通して、仮想空間を眺める。

しかし若林の議論において前提とされる〈時と場〉にはそもそも強い恣意性がある。彼が永続性の典型として挙げている宗教についても、その信仰の内容や礼拝形態は永続不変などではなく、むしろ時代と共に流動的に変化し続けるものであり、だからこそそこにはその時代に即応したリアリティが生まれる。また諸々の文化、伝統についても、その永続性が虚構であることはいうまでもない。

他方で、仮に〈遙かな根源〉を持たないとしても、それがその場の空虚さを決定づけるわけではない。現実に新宿駅や渋谷駅を利用している誰もが知っているように、そこにはたとえ目を瞑っていても容易にどこの駅なのかを判別することができるほどの生々しい固有のリアリティが渦巻いており、それを確かな一部としてわれわれの日常生活が営まれている。電車でどこかへ行くとき、われわれは導線の中を光速に近く流れていく電子などになっているわけではない。隣に立つ誰かの熱量を、息遣いを感じ、無言のざわめきの中に身を浸し、窓の外を過ぎていく家々の一つひとつに想いを寄せる。そして同時に、手にしたスマートフォンに映し出された遠い異国で苦しむ誰かの惨状に一瞬だけでも胸を痛め、ネットからダウンロードした音楽を聴き周囲の雑音を遮断しようとしつつ、次の駅で乗りこんでくる大量の乗客に押し揉まれ朝から疲労困憊する。その場の全体に、われわれの生のリアリティが現れている。そうであるのなら、われわれはその新たな場の在り方を語る方法を学ばなければならない。

もし私が自らの生をビットであってかまわないと思うのであれば、そこには何の問題も存在しない。われわれは痛みもないままに、純粋で透明で、永遠に無重力の中をさまよい続けることができるだろう。しかしそれは幻想に過ぎず、そこに不死を願っていたこの私とは誰なのかという問いに対する答えは存在しない。それゆえ、私は私の存在に対する根本的な不安から逃れることはできない。その不安とはつまり、不安を感じる私が実は存在しないのではないかということに対する不安である。

われわれが他者とコミュニケートすることを願うのは、私の不在に対する不安が、他者との摩擦が引き起こす苦痛の中でしか解消しえないことを、われわれが知っているからに他ならない。不死を願う私の生は、そもそもその苦痛のただ中で摩耗し、抉られ、叩きつけられることによってこの私唯一のかたちとして象られていく中でのみ、実現される。第2節でふれたように、われわれの生はそもそも美しいだけのものでも、楽しいだけのものでもあるはずがない。もしLifelogがわれわれの人生のロングテールを記録できるというのであれば、そこにある一般的な物語に吸収しきれない醜さや苦しさ（ただし、それゆえそれが無条件に素晴らしくないものであるとは限らない）をこそ、われわれは記録しなければならない。そのとき、そしてそのときのみ、それはただのデジタルな記録を超え、真の意味で共有された記憶となる可能性を持ちうる。そうでなければ、そこには結局のところ"Daily me"(9)という孤独で安寧な地獄に閉じこめられた、空疎な誰かしか残されないだろう。

けれども、そうではない未来も在りえるはずだ。ふたたび「天使のかたち」について考えてみよう。

その複製された胎児の顔が持つ不気味さは、ある一線を超えて人間が人間を所有しようとすることへの冒瀆性による。レヴィナスにおける他者の顔がわれわれに無条件の責任を迫るものであるのなら、世俗的造物主としてすべての支配を欲し、他者の顔をビット化し、3Dプリンタによって複製し所有しリミックスしようとするわれわれの無意識の指向性には、おそらく本質的な問題が潜んでいる。だけれども、そこには胎児の顔が持つ生々しい迫力を突きつけられたことから生まれる、「生命の神秘」や「母子の絆」などといった陳腐な美辞麗句では覆いつくせない恐怖に由来する不気味さもまた、確かにある。その生々しさにこそ、技術が捨象しきれない、コミュニケーションが本来的に持つ、合理性で分析しきれない異質な他者への畏怖が示されている。

情報技術が環境化し、人間の生命がビット化される現代社会においてさえ、いやむしろこのような時代においてこそ顕在化する、他者とのコミュニケーションが持つ苦痛によって基礎づけられた原初的な共同性への投企こそが、いまわれわれに問われている。その共同性とは、原初的であるがゆえにわれわれがかつて／つねに手にしていたものであり、同時にこの新たな環境の中から生み出される、いまだ目にしたことのない新たな在り方でもある。

新たなコミュニケーション技術がより自由な公共圏を構築するのか、あるいは伝統的共同体を破壊するのか。情報技術によって実現された国際金融市場が、直接関わりを持たない人びとの暮らしさえ容易く破壊する事実に対してわれわれはどう応答すべきなのか。あるいは莫大な情報を収集隠匿し権力基盤とする国家に対して、果たしていかなる抵抗が可能なのか。これらが重要な問いであることは間違いない。しかしこれらの問題の根本には、先に述べた共同性への問いかけが通底している。ここでいう共同性とは、あくまで、すべてをビット化しようとするメディアを貫通してなお現れる他者を他者として信頼することによってのみ生まれる、私ときみの徹底して固有な関係性のことである。そしてその信頼とは、他者の善性や共感可能性に対する期待などでは決してなく、あらゆる価値判断を超えてそこに他者が在るという絶対的事実に対する無条件の確信であり、その生々しさと恐ろしさに向き合う覚悟でもある。それは実現不可能な理想論ではなく、いまわれわれが生きているこの環境を、その現実の姿を透徹した眼差しで見つめ抜くことを意味している。その視線の先にのみ、現代社会を生きるわれわれの生のリアリティが現れてくるだろう。

おわりに

かつて、自然環境は人間を生み出した。その人間は技術を生み、そしていまや、技術が新たな環境を生み出している。いまわれわれが目にしているのは、その新たな環境から再び生まれようとしているわれわれ自身の新たな姿である。ではそこに現れるわれわれとは、いったいどのようなわれわれなのだろうか。

情報技術が環境化し、われわれの生がビット化するとき、必然的に、われわれの生が環境化されることになる。一つの例として、ここでは地図を通して考えてみよう。地図は（きわめて政治的なものであると同時に）パブリックな性質を持っている。しかし拡張現実（Augmented Reality：AR）を利用することでわれわれはその地図を現実に重ね、さらにLifelogによって記録されたあらゆる個人情報を重ねていくことができるようになる。街区表示板は地図という仮想を現実世界に重ねあわせる道具の最たるものだと言えるだろう。また、われわれは言語によって、現実の世界にわれわれの個人的な記憶の世界をつねに重ね、それが単なる光景に意味を与える。けれども、環境化する情報技術が意味しているのは、そのような従来の空間をさらに変質させ、パブリックな事物とプライベートな記録がシームレスに結びつけられた新たな環境を誕生させるということである。そしてもしLifelogがわれわれの生と等価だとされるのであれば、その環境それ自体がわれわれの生となるのである。情報技術の環境化によって問われることになるのは、われわれのデジタルな記録と私自身の記憶、時間と空間、アトムとビット、環境に遍在し浮遊するアルゴリズムのすべてが混然一体となった新たな場の理論であり、新たな環境哲学なのだ。

人類史における必然としてコミュニケーションを拡大し続けたその先において、われわれはついに情報技術の環境化というパンドラの箱を開けることになった。もし、われわれがわれわれの生のすべてを無痛で透明なままに記録できると思うのであれば、それはまさに人間が失われ情報しか存在しなくなるという点において、真の意味で救いのない社会の到来を招くことになるだろう。しかし、われわれが情報技術の向こうにいる他者を忘れず、その他者によってもたらされる苦痛を引き受ける覚悟を持ち続ける限り、そしてその限りにおいてのみ、技術が飲みこみ尽くしえないリアルな生への可能性が残されている。その可能性が単純な希望などではなく、われわれがつながりたいと願う他者、われわれが責任を負うべき他者とのあいだに生まれる苦痛でしかないのだとしても、箱の奥底に秘められたその苦痛が他者とともに在る私を確信させる限りにおいて、それは確かに希望と呼べるのである。

●注

1 「実際、われわれは自然を変質させたのであり、もはや自然について語ることはできないのだ。われわれは、もはや自然と技術との区別が有効性を持たず、同時に、『この世界』となんらかの『他の世界』との関係もまたもはや有効性を持たないような、そうした全体性について思考することができるようにならねばならないのである」(ナンシー、二〇一二、五九)。

2 ビッグデータとは、「典型的なデータベースソフトウェアのキャプチャー、貯蔵、処理そして分析の能力を超えたサイズを持つデータセット」(Manyika, J. 2011, 1.) を意味する。その特徴としてはVolume(規模)、Variety(多様性)、Velocity(速度)という「3つのV」が挙げられる。さらにVeracity(正確さ)あるいはValue(価値)が追加されることもある。

3 「いたるところから知恵ある叫びが発せられる。『だが止まらなければならないのではないか! どこまで行こうというのだ?』というのも、実際、いたるところで芽生えてきているのは、遺伝子操作の無際限化であれ金融市場のそれであれ……無際限化だからだ。そもそもそれ自体として限界を知らないものに対して限界を設定するというのは問題となりえない」(ナンシー、二〇一二、一一二)。

4 「『ライフログ』の定義そのものも厳密に定まっているわけではないが、『蓄積された個人の生活の履歴をい い、購買・貸出履歴、視聴履歴、位置情報等々が含まれる』(総務省、二〇一四、二五九)という理解が順当だろう。生活の履歴という意味で言えば、その利用者個人に関するあらゆる情報――そのときの身体に関する情報や、自分の行動に関する履歴――すべてが含まれうる。主体の生活情報の集積であるライフログがビッグデータを生み出すと考えれば、私たちの身体や生活全体を包み込む、膨大な情報の巨塊を、たやすく想像できる」（柴田、二〇一四、一六九）。

5 柴田（前述）が指摘しているようにLifelogと深く関連しているビッグデータを、長原（二〇一四）が「巨大な所与」と訳しているのは示唆的である。現代を生きる我々にとって、それはまさに所与なのであり、同時にそれはわれわれ自身の姿でもある。

6 http://www.biotexture.com/mother/ 参照。

7 ボードリヤール、二〇〇九、一二四。

8 バーナット、二〇一三、一三三～一三五。

9 ネグロポンテが"Being Digital"〔一九九五年〕で主張している概念。情報技術の進化により、人びとが自分の好む情報だけを取捨選択することができるようになるというもの。

●引用・参考文献

アンダーソン、C（二〇一二）『MAKERS ――21世紀の産業革命が始まる』関美和訳、NHK出版（Chris Anderson〈2012〉*MAKERS: The New Industrial Revolution*, Random House Business.）。

遠藤薫（二〇一三）『廃墟で歌う天使――ベンヤミン『複製技術時代の芸術作品』を読み直す』現代書館。

柴田邦臣（二〇一四）「生かさない〈生-政治〉の誕生――ビッグデータと『生存資源』の分配問題」『現代思想』vol.42-9. 青土社、二〇一四年、一六四～一八九頁。

総務省（二〇一四）『情報通信白書平成二六年版』総務省。

長原豊（二〇一四）「『非有機的身体』の捕獲――膨張する所与《データ》と新たな利潤源泉《レント》」前掲『現代思想』一四八～一六三頁。

ナンシー、J＝L（二〇一二）『フクシマの後で――破局・技術・民主主義』渡名喜庸哲訳、以文社（Jean-Luc

Nancy〈2012〉*L'équivalence des catastrophes*（*après Fukushima*）, Editions Galilée.）。

バーナット、C（二〇一三）『3Dプリンターが創る未来』小林啓倫訳、日経BP社（Christopher Barnatt〈2013〉*3D PRINTING : The Next Industrial Revolution*, Explainingthefuture.com）。

フリードバーグ、A（二〇一二）『ヴァーチャル・ウィンドウ――アルベルティからマイクロソフトまで』井原慶一郎・宗洋訳、産業図書（Anne Friedberg〈2006〉*The Virtual Window : From Alberti to Microsoft*, The MIT Press.）。

ヘッドリク、D・R（二〇一一）『情報時代の到来――「理性と革命の時代」における知識のテクノロジー』塚原東吾・隠岐さや香訳、法政大学出版局（Daniel R. Headrick〈2000〉*When Information Came of Age : Technologies of Knowledge in the Age of Reason and Revolution, 1700-1850*, Oxford University Press.）。

ベンヤミン、W（二〇〇七）『複製技術時代の芸術』佐々木基一編、晶文社（Walter Benjamin, *Werke-Band 2 : Das Kunstwerk im Zeitalter seiner technischen Reproduzierbarkeit das Kunstwerk, Zur Lage der russischen Filmkunst, Kleine Geschichte der Photographie, Eduard Fuchs, der Sammler und Historiker*, Suhrkamp.）。

ボードリヤール、J（二〇〇九）『象徴交換と死』今村仁司・塚原史訳、筑摩書房（Jean Baudrillard〈1975〉*L'é change symbolique et la mort*, Gallimard.）。

レヴィナス、E（二〇〇八）『存在の彼方へ』合田正人訳、講談社学芸文庫（Emmanuel Lévinas〈1978〉*Autrement qu'être ou au-delà de l'essence*, Kluwer Academic Publishers B.V.）。

若林幹夫（二〇一〇）『〈時と場〉の変容――「サイバー都市」は存在するか？』NTT出版。

Manyika, J., et al.〈2011〉*Big data : The next frontier for innovation, competition, and productivity*, McKinsey Global Institute.

第6章■浦田（東方）沙由理

現代における根こぎとアイデンティティの問題

はじめに

現代の日本社会は基本的な生活を営む以上の多くのものが揃っており、新商品が途絶えることはない。同じように若者を特徴づける言葉も時代に対応する形で新たに生み出されている。一九九〇年代に生まれた世代を「さとり世代」と呼ぶらしい。何不自由なく飢えや病気や戦争の心配なく生きられる社会であるはずなのに、なぜこのようなあきらめ観を漂わせる言葉が選ばれたのであろうか。そこには現代社会に特有の問題があるのではないだろうか。

私は以前、その現代社会に特有の問題を人間存在の根こぎという状態に求めた（東方、二〇一二a）。そして根こぎを生み出しているのが資本主義的経済システムへの参加のために必然的に行われる商品化であることを指摘した(1)。そこでは根こぎを「自然からの根こぎ」「社会的共同的存在からの根こぎ」

「活力からの根こぎ」の三つに区別したが、それは人間とははじめから確固たる自己というものを保持しているのではなく、人間を取りまく諸環境（人的環境・文化的環境・社会環境・自然環境）との接触の中から自己や自己の活力を見出す存在であるという見方に基づいている。それゆえ関係の希薄化は自己の存在根拠と不可分に結びついていると考えている。

このような点をふまえ、本論では根こぎという問題をアイデンティティという観点から論じることで、現代社会に生きる私たちがいかに諸環境との接触が希薄化した状態で生きているのかを明らかにし、それが現代社会に生きる私たちが抱えざるをえないアイデンティティの問題として出現していることを示す。それに先立ち日本でのアイデンティティの流れを見てみたい。

日本ではアイデンティティとは若者の側の、自己主張を正当化する御旗であった。それは一九六〇年代では若者による社会への反発と「自分探し」が一体化したものとして提示され、一九七〇年代では若者文化と猶予期間《モラトリアム》が話題となり、経済発展を達成し消費社会化が進行すると今度は、個性を主張するものとしてアイデンティティという言葉が使われるようになった。それが一九八〇年代である。一九九〇年代以降は〈私〉という存在の希薄さ、生きる意味や存在の不確かさといったものがアイデンティティの主題となっていき、あるいは状況に合わせて自己のふるまいを変化させるといった多重人格的自己感覚が若者のアイデンティティの特徴として描かれるようになっている（浅野編、二〇〇九／二〇一三）。このような、社会の変遷とそれに応じて刷新されていく若者像は、それを研究の対象とする社会学の一分野を形成するにいたっているが、本論で扱うアイデンティティとは、人間の総合性が霧散していった原因と近代との関係である。

アイデンティティの理論については次節で述べることとして、まずは問題を単純・明確化するためにここではアイデンティティを総合的自我感覚という言葉で表しておく。この総合的自我感覚とは、自己が諸環境との接触の中から掴んでくる個としての自我意識という感覚である。自分と関係する環境という文脈に自分の意味や存在意義を見出した時に感じる自己肯定感と言ってもよいかもしれない。その総合的自我感覚に亀裂を入れたのが近代に出現した資本主義的経済システムと商品化である、というのが筆者の基本的な立場である。

根こぎとは、端的にいうと、人間を取りまく諸環境との人格的交流の分断のことである。それは人間と諸環境との関係を変質させ、人間の意識の中で諸環境との関係を——一貫性や意味的秩序をもって——総合しえなくなってしまったことを意味する。別の言葉で言えば、人間の持つ三側面（自然性・社会性・自発性）を意識において総合しえず、存在の次元において矛盾や混乱が生じている状況である。これが私が本論で問題にしようとしているアイデンティティである。あるいは現在のアイデンティティの傾向が「私だけがわかる〈私〉」の物語、あるいはモノローグ的な〈私〉（豊泉、一九九八）という言葉で表現されていることを考えると、現在、自分の存在を把握しうるものが意識のみに限られていると言えよう。

したがって本論では、現在の私たちが直面している問題の象徴（現代社会における人間存在の矛盾・混乱）としてアイデンティティを取り上げる。そして総合的自我感覚としてのアイデンティティの確立とそのようなアイデンティティを尊重しうる関係になるためには環境哲学的論考が必要だということ、さらにそのことが現代社会における人間や自然や生命のモノ化を打開するきっかけとなるのではないかということを論じる。

1 アイデンティティの理論——人間の社会性

私はアイデンティティを総合的自我感覚としたが、あらためて、アイデンティティとはどのような概念として提出されてきたのだろうか。本節ではそのことを確認したい。

アイデンティティという言葉を有名にしたのはE・H・エリクソンである。エリクソンはS・フロイトの精神分析学を基盤にそれを発展させたA・フロイトの自我心理学、およびその後の自我心理学的発達理論に位置づけられる人物で、その特色は、それまでの自我の発達理論に歴史的、文化的、社会的要因を組みこんだ点にある。その成果がライフ・サイクル論であり、自我心理学的発達理論と区別して心理社会的発達理論とも呼ばれる。アイデンティティ（の危機）とはライフ・サイクル論の青年期を特徴づけるものである。

アイデンティティ（の危機）に注目する前に、ライフ・サイクル論についてもう少し述べておきたい。というのも、それによってアイデンティティ（の危機）が何を問題としているかがわかりやすくなるからだ。

エリクソンは、自我の発達とは、フロイトが考えたようなリビドーの変化（幼児性欲理論）によってのみ生じるのではなく、その発達段階に応じて直面する社会的関係や役割の変化が、その発達段階において固有の葛藤を生じさせ、その葛藤を克服・処理し内面化していくことで自我を確立してくというように考えた。その葛藤とは（エリクソンの分析方法では）身体的・精神的・社会的（歴史的）の三要素の齟齬によって生じるが、人間にはその矛盾を統合していくような内的作用が備わっていると考え、その作用のことをエリクソンは自我と呼んだ。つまり矛盾を自我において統合することができればその発達段階特有の課題を乗り越えたことになるのである。ただ誤解しないでいただきたいのは、エリクソンは病院での自身の臨床経験から、患者が直面している困難がどこにあるかを探るためにこのような理論を考え出したのであって、正常な発達を記述することが目的ではないということだ。

さて、問題のアイデンティティ（の危機）であるが、これはどのような葛藤として記述されるのだろうか。それは大雑把には帰属意識の自発的な組み直しを迫るものと言えるだろう。詳しくいえば次のようになる。青年期までは人は発達過程において社会化される側、社会的・歴史的蓄積を受け取る側だった。しかし青年期の後に人は、社会に参加し社会を創り出す側、あるいは社会的・歴史的蓄積を後世に伝える側に回ることになる。その際、自己の社会的役割や自己の活動分野は自分の力で見出さなければならない。つまり、それまで発達段階に応じて形成してきた自己意識――これは他者によって導かれた自己意識でもある――から脱却し、今度は自らが自我の力を行使して社会的文脈の中に己を位置づけ直さなければならないのである。この自らの力によって社会的文脈の中に己を位置づけ直す際に生じる自己の存在根拠のゆらぎがアイデンティティの危機であり、その模索期間が猶予期間《モラトリアム》である。

このことをふまえれば、エリクソンの次の言葉が容易に理解できよう。

> 青年期は、児童期における最後の段階である。しかし、青年期という過程は、同輩との熱心な交際

や競争を通して、児童期における同一視を新しい同一視へ従属させることができる場合にのみ、真に完結したものとなるのである。これらの新しい同一視を特徴づけるものは……「人生にたいする」コミットメントをただちにもたらすような選択や意思決定を迫るものなのである。（エリクソン、一九六九、二一二。傍点引用者）

この受動的帰属意識が能動的帰属意識へと転換された時にもたらされる個の意識が自我の確立という言葉の意味である。この地平にたって初めて人は文化の伝達者となりうるだけでなく、真に個性の実現が可能となる、とエリクソンは考える（2・3）。

エリクソンはヘッケルの「個体発生は系統発生を繰りかえす」という言葉を意識して、ライフ・サイクル論を漸成論的発達理論と呼び、またそのように理解されている（4）が、このことをふまえてアイデンティティを正確に言えば、限られた時間を生きる個別的生と社会化によって継承される集団的生が、自我によって統合化・組織化した時に生まれる社会的・共同的存在としての個の意識、あるいは社会性への結合によって生じる新たな意識をアイデンティティということができよう。

以上のようなエリクソンの理論は専門家を除いては正しく理解されていないように思われる。それはエリクソンの問題というよりは、当時の社会情勢（一九六〇年代の学生運動・社会運動）に関係していると思われる。なぜならそれらの学生運動・社会運動はまさに若者と社会との矛盾の表現であったのであり、アイデンティティという言葉はその人々の心性を的確に表現する言葉だったからだ。しかし一方で、アイデンティティが若者の自己主張を正当化する言葉としても広まってしまったことも確かである。それゆえアイデンティティは日本では色々な意味で解釈・使用されることになり、消費社会の浸透にともなって、自己が考える自己と他人から見られる自己の一致を自己同一性としてしまった感がある。それに関してエリクソンは、自己が考える自己と他人から見られる自己の一致を示す概念を人格的アイデンティティ（personal identity）と呼び、前述した統合化によって生み出されるアイデンティティを自我アイデンティティ（ego identity）として区別し、自分の研究は自我アイデンティティに関するものだと述べている。この違いはアイデンティティを語る上で非常に重要な違いだろう。

確認すると、アイデンティティの危機とよばれるものは自我アイデンティティの危機であり、受動的帰属意識を能動的帰属意識に作りかえる時に直面するアイデンティティ（統合不安）の問題である。それを乗り越えるためには自らの力によって社会的文脈の中に己を位置づけ直すことが必要である。それは①個人的生の自覚と②集団的生の認識が必要であり、③前者の二つ（①と②）を再組織化するというステップが必要である。このステップが現代社会において十分に成り立たないことが現代的アイデンティティの問題の基盤をなしている。

2 現代的アイデンティティとその問題――他者関係がもたらす自己分裂

現代的アイデンティティの問題とは何か。それは根こぎ――諸環境との人格的な交流の分断――によって十分な総合的自我感覚を持ちえないという点にある。しかし、現代には現代特有のアイデンティティというものが存在する。本節ではその点を見ていきたい。

先に現代社会が資本主義的経済システムを中心に作られた社会だということを指摘したが、そこで形成される近代特有のアイデンティティを明らかにしたのがP・L・バーガーらである（バーガー他、一九七七／バーガー他、二〇〇二）。バーガーらは、人間の日常生活の意識が主観的意味と客観的事実の弁証法によって形作られ、その過程によって社会生活に意味の全体がもたらされるという点に注目した。そこでのアイデンティティとは確認可能な主観的現実のことを意味するが、バーガーらは近代が提供する客観的事実はそれ以前の社会とはまったく違ったものであり、それゆえ近代には近代に特有のアイデンティティが生じると指摘する。

近代特有のアイデンティティをもたらす客観的事実とは工業生産（労働の作業現場）と官僚制（制度利用の手続き）である。それらは場所や機能や役割の細分化とそれ特有の統合方法を持っているが、工業生産と官僚制から生み出される主観的現実は寄木細工性と秩序整然性とされる。またそれらの客観的事実は生活世界の複数性として特徴づけられ、一貫した意味の全体を持ちえず、その結果、アイデンティティは、異様に未確定で、細分化され、自己詮索的で、個人中心的なものになるとバーガーらは言う。このバーガーらの指摘を日本の状況と照らしあわせてみたい。

豊泉が指摘したモノローグ的な〈私〉という意識は、バーガーらの言う異様に未確定で自己詮索的で個人中心的なアイデンティティの特徴を映し出していると思われる。一方で浅野の言う、コミュニケーションの中でアイデンティティを確認する状況志向型で多元化傾向を持つようなアイデンティティはどうだろうか（浅野、二〇一三）。これは生活世界の複数性に対応させて自己の振る舞いを変えているという個人の在り方が映し出されているように思われる。では日本におけるこの二つの関係をどう理解したらいいのだろうか。

教育学者の尾木直樹は、現代の学校教育の評価制度が、自分の感情を表現することを我慢させ、学校や教師の求める「よい子」を強いていることを指摘する(5)。これは学校教育の評価制度という客観的事実が確固たる地位を占める日本の現状——学歴社会——をよく示すものである。この「よい子」という評価制度は子どもに状況志向型を求めるが、それが他律的であるがゆえに自律的側面が育まれず自己の空洞化をもたらすと尾木は指摘する。その結果、子どもたちは絶えずよい子ストレスを抱える一方で自尊感情を持てず、その緊張関係が崩壊した時に——いい子だと思われていた子が——キレる、という行動の関係であると言う。すなわち浅野の言う状況志向型と豊泉のモノローグ的な〈私〉の二つの側面の混在が現代の子どもが直面しているアイデンティティの問題であり、それは端的に外的自己と内的自己の分裂なのである。

アイデンティティに限らず、資本主義的経済システムの構造が人間にもたらした諸関係は、分裂として表現してもよいのではないだろうか。個人においては家庭と仕事の分裂、政治と労働の分裂、公的性格と私的性格の分裂、共同的存在と個的存在の分裂、自己愛と憐憫の分裂、親と子の分裂、社会関係としては資本家と労働者の分裂、男と女の分裂、ウチとソトの分裂、中央（都市）と地方（農村）の分裂、自然関係としては、生産力と生産手段の分裂、動力と法則の分裂、生命と非生命の分裂等、さまざまのものが考えられる。どの関係にも通底しているのが目的と手段の分裂であり、それは資本主義社会において疎外や物象化という言葉で幾度となく議題にあげられてきた問題である。

資本主義的経済システムの構造が人間や社会にもたらす影響の議論は数多くあるが、尾関周二は日本における経済批判の論調が労働に偏重していたのに対し、人間の行為を労働とコミュニケーションの両面で考えなければならないことを指摘している。なぜなら、人間は主体―客体関係だけではなく、主体―主体関係によって自己確証・相互確証が可能となるのであり、それこそが近代によって生み出された分裂を架橋するものだと考えたからだ（尾関、二〇〇二）。アイデンティティの問題はまさに、資本主義的経済システムにおけるコミュニケーションの問題として捉えることができよう。もちろんこの問題も、資本主義的経済システムが生み出す問題ゆえに、労働とコミュニケーションの両面で考えなければならない。なぜなら、労働は私たちの生活を作り出す客観的事実であり、バーガーらが言うように、私たちの意識はその客観的事実によって規定されるからだ。

問題は、なぜ人間同士のコミュニケーションが分裂してしまったかである。疎外や物象化はコミュニケーションの変質の結果として語りうるが、人格的コミュニケーションの分裂には人間同士の根本的な分裂があったのではないだろうか。次にこの点を見ていきたい。

3　自発性の根源――本質意志の考察から

本節では人間同士のコミュニケーションの分裂を客観的事実だけではなく主観的意味においても分裂としていると捉え、その分裂の根源は何かを探る。それを考えるのに役立つのが、F・テンニエスの本質意志と選択意志である。

テンニエスはゲマインシャフトとゲゼルシャフトという社会の分類によって知られているが、その社会の違いを生み出すものは人間の意志であるとし、社会とはその人間の意志の結合体と考える（テンニエス、一九五七）。それゆえ自然発生的な本質意志に基づく社会をゲマインシャフト、人為的特質を備えた選択意志に基づく社会をゲゼルシャフトと呼ぶ。資本主義社会はゲゼルシャフト的社会であるので、そこでの個人はそれぞれの選択意志（目的）に基づいて行動する。そこでは利害が一致することもあれば、利害が対立・拮抗することもあるが、その社会の結合原理は契約である。一方ゲマインシャフトと呼ばれる社会は集団を家族の延長あるいは役割分化の有機的結合と見なすような社会であり、そこでは一体性が社会の結合原理となっている。そこでの出来事や事象は相互に了解され、共有されており、その一体性の持ち方と機能の違いが集団の特徴（家族・地域・仕事仲間・組合・宗教）を決定する。資本主義社会の成立によって社会の形成原理がゲマインシャフトからゲゼルシャフトへと移ったと考えられるが（またそのような社会構造の転換として描かれるが）、実はその社会構造の転換にともなって人間の意志も本質意志から選択意志へと変化した。この見落とされがちな個人の意志の変化が個々人を根本的にバラバラにさせてしまった原因ではないだろうか。つまり、本質意志によって共有が実現されていた共同の価値を重視する心性が、選択意志による利益価値を重視する心性に取って代わったことが人格的コミュニケーションの分裂につながったのではないかということである。

この本質意志から選択意志の転換にともなって人間が被った害を別の論点から問題視したのがS・ヴェイユである。ヴェイユは人間の社会構造の転換によって本質意志から切り離されたことが、魂の欲求に関わる非常に重大な出来事だと考えた。それがなぜ重大かというと、一つはそれが人間の生の活力と深く結びついており、もう一つは人間の義務と尊厳に結びついているからだ。そして現行社会は魂の欲求を満たすための源泉（魂に糧を供給するもの(6)）への接続が断たれてしまっていると考える。そのためヴェイユは人間の尊厳を取り戻しそのような社会の実現のためには再度人間の生に霊性を呼び戻すことが大事だと考え、根を持つことの重要性を説いた。ここではヴェイユが魂の欲求として表現する人間の内発的欲求に注目したい。

内発的欲求という観点から本質意志と選択意志を照射すると、本質意志は内発的欲求に基づいたものであるのに対し選択意志は内発的欲求に基づいたものと外発的欲求に基づいたものの二つが考えられる。これに総合的自我意識を合わせて考えると、外発的欲求に基づいた選択意志は総合的自我意識の形成には寄与しないだろう。総合的自我意識が人間の内なる自我の力であることを考えると、外発的欲求に依存したままでは第2節で述べたような内的自己と外的自己の分裂という状況が生じるからだ。では内発的欲求とは何だろうか。

ヴェイユは「人間は複数の根をもつことを欲する。自分が自然なかたちでかかわる複数の環境を介して、道徳的・知的・霊的な生の全体性なるものをうけとりたいと欲するのである」（ヴェイユ、二〇一〇、六四）と述べる。この「生の全体性」を持った人間が本論で述べてきた総合的自我感覚を身につけた人間の理念像であり、本論はこの「生の全体性」への欲求が人間の内発的欲求であると考える。そして自発性とは自らの内発的欲求の表出だと捉える。それは意識の総合作用の原動力でもあると言えよう。そしてお互いが自発的な生の全体性を持った存在として認めあうこと、その上で交わることが人格的コミュニケーションの本来の姿だったのではないだろうか。

このお互いを自発的な生の全体性を持った存在として認めあうこと、それは人間の義務と尊厳に結びついており、内発的欲求に従うことは内なる道徳律として表現されるような人間の普遍的な善へと開かれているのではないか。ヴェイユは人間の生を「道徳的・知的・霊的」と表現するが、特に（超自然的な次元との接触による）霊的な生は欠かせないキーワードである。そこにこそ普遍的な善への接続が見出されると考えるからだ。そしてそれこそが人間の義務や尊厳を保証するものであり、それへの切望もまた、人間に自発性をもたらす。この人間の義務や尊厳への指摘は、人間や自然や生命のモノ化によって人間の尊厳が矮小化されつつある現代社会において重要な意味を持つと考えられる。なぜなら人間や自然や生命のモノ化は人間の尊厳や義務とは正反対に位置するものだからだ。ただし、それには「自然なかたちでかかわる複数の環境」が必要という指摘も重要である。というのも、ヴェイユは人間の普遍的な善へと開かれることは自己の内面への沈殿ではなく諸環境との交流の中に見出せると考えるからだ。これは人間と諸環境との関係の必要性を考える上で非常に重要な指摘だろう。

本節では社会の変化の中にある人間の意志の変化に注目し、本質意志から選択意志への変化が人間同士の人格的コミュニケーションの分裂に関係しているのではないかと指摘した。そしてそれは人間の義務や尊厳といった次元にも影響を及ぼしていることを示唆した。人間や自然や生命のモノ化（手段化）はその結果である。これはまた人々に自発性や意欲を失わせる結果になっているのではないだろうか。

こういった現状を打開するために、次に自発性の他の源泉について考えてみたい。その際、人間の自然性を問うことが導きの糸になるのではないかということを次節で見ていく。先に指摘しておくならば、自然性は意識性に関わるものではなく活力（自発性）に関わるものだということである。ヴェイユも「……ある環境が外部の影響をうけいれるさいにも、その影響は即効性のある養分とみなされるのではなく、自身の生命力を活性化させるための刺戟とみなされるべきだ」（ヴェイユ、二〇一〇、六四）と述べているように。

4　環境哲学との接合――人間の自然性への問い

先に人間の義務や尊厳を問うことが現代社会における人間や自然や生命のモノ化を打開する一つの方法になるのではないかということを述べた。本節ではその原動力となる自発性を見出す過程として人間の自然性に目を向けることが有用ではないかということを指摘する。そして人間の自然性に根づいた総合的自我感覚を養うことの必要性を提示したい。

そこで参考になるのがディープ・エコロジーを提唱したA・ネスの理論である。ネスは環境汚染と資源の枯渇に反対する際、科学的手法に基づく対処療法的な方法的解決をシャロウ（shallow）と呼んで批判し、自然を守るためには私たち自身の価値やライフ・スタイルの転換が必要であると訴え、私たち自身の価値の変革のためには深い哲学（deep）が必要だと説いた人物である。私たち自身の価値の変革とは、物（商品・貨幣）に依存する資本主義的経済やそれを成り立たせている科学至上主義的・物質主義的価値観からの脱却と、生命の生きようとする意志や自己実現を尊重するといった自然物の内在的価値に向けた意識の変革である。それはまた人間の行動様式を外発的なものではなく内発的なものから考えることであり、それゆえ人間の生き方への問い直しを迫るものである。そのような自発性に基づいた生を広げていくこと、またそうした人間の自然性の発現がネスのいう自己実現である。

先に本質意志が内発性に基づくものであると指摘したが、本質意志が社会性の実現を加味しているとするならば、ネスの自己実現は人間の自然性と自発性によって生み出される生命性の実現として捉えることができよう。そこでネスの自己実現と自然との関係を見てみたい。

ネスは自然の中での生活経験を根拠に、人間の存在（生存を含めて）は生物圏における多種多様で複雑なつながりの中で存在しているということへの認識・理解をうながす。そして生物圏における人間の存在やその役割とは何かに目を移させる。それが人間中心主義から非人間中心主義（正確にいえば生命圏平等主義）への転換という言葉に代表されるものであるが、そこでは生物圏から自分を位置づけ直すという試みがなされている(7)。この生物圏から自分を位置づけ直すという試みと、そこでの自己の能力の発揮がネスのいう自己実現である。

このように考えると、ディープ・エコロジーで提唱される自己の哲学としてのエコソフィ（ecosophy）とは、第1節で示したアイデンティティの②集団的生の認識と③個人的生と集団的生の統合のステップが自然界の成員という集団的生の次元で成し遂げられていると考えられる。事実、ネスは生物圏から自分を位置づけ直すという試みの際に出してくるのが、関係主義と統覚的ゲシュタルトである(8)。統覚的ゲシュタルトは――それがそこから感情や評価、規範的要素を引き出すことができるようなものであるということを除けば――エリクソンのいう自我の作用と類似のものとして捉えることができる。あるいはエリクソンが社会性に根ざした自我の統合過程を明らかにしたとすればネスは自然性に根ざした自我の統合過程を描いたと言えよう。その統合過程がエコフィロソフィ（ecophilosophy）――「すべてはつながっている」という言葉で示唆されるエコロジーの方法論と、それぞれの観点をふまえ人間の自然の中での位置づけを探究する哲学の共通点を組み合わせたもの——であり、その方法が自然との一体化である。

この自然との一体化の主張が——ネスはそれを自然と人間との連続性を理解するための一つの方法として設定しているにもかかわらず——ディープ・エコロジーが神秘的であるとの批判をもたらすことになった(9)。しかし、本質意志の議論を念頭に置いた上でこの一体化ということをかんがみると、それは単に神秘的なものとして一蹴することはできない。なぜなら本質意志に基づく一体性は自然な社会形成の基盤であり、一体化は人間の参与の自然なあり方の一つだからだ。それはまた人間の内に眠っている自然性を呼び覚ます引き水になっているのではないかと考えられる。

ネスは次のように言う。

エコソフィを希求するという問題……これはかなり哲学的なテーマとなる。すなわち、価値を担った自発的、感情的な経験領域は、数学的物理学に劣らず、実在認識の真正な源泉ではないのか、というテーマになる。(ネス、一九九七、五六)

これは価値を担った自発的、感情的な経験領域こそ実在認識、すなわち自然や生命にたいする畏敬の念のような尊厳を感知する源泉だという指摘である。ここから私は自然の中での一体化——これは自然への感覚の拡大——とそれによって生じてくる感情や価値観が生命の尊厳や人間の自発性を喚起させる契機をもたらすのではないかと考える。あるいは自然や生命の営みがそれらが内に持つ能力や生命力の発現において人間にその存在の威厳を感じさせるものであるならば、人間も内なる可能性や能力を発揮した時はじめて尊厳というものが与えられるのではないか、そしてその人間の内なる可能性や能力を発現したいという欲求は魂の欲求として設定されるのではないだろうか。

したがって、ディープ・エコロジーで語られるエコフィロソフィは人間の自然性を刺激して自発性を活気づかせるための方法をもたらすものであり、エコソフィとはそれらからえた感情や価値や規範を総合的自我作用において統合していくものだと捉えられる。それゆえこのエコフィロソフィとエコソフィという二本の軸がネスの理論には必要だったのである。ネスにとってその二つの軸に基づいた生命性の実現が自己実現であり、そこでの自己実現とは自然の中での自由へとつらなっていくのである。

ここから言えることは、人間の自発性を活気づかせるには自然との人格的関係（主体―主体のコミュニケーション的関係）の創出が有効であるということだ。それは共感的理解を否定するものではなく、むしろ有効に働かせることを主張するだろう。それはまた、総合的自我感覚を養う契機になると思われる。

この自然性によって喚起させられた自発性（＝生命性の実現）が資本主義的経済システムにおいて分断されてしまった人間の自我の総合化をうながし、モノ化を脱していくことにつながっていくと考えている。（ただし）そこでは人間は自然性に根ざす必要がある。なぜなら自然と対峙する時の人間は一つの全体性を持った個としての生命であることが自覚されるからだ。それが結果的に人間に生の全体性をもたらすのではないだろうか。

これまでネスの議論によりながら、自然性に根ざした自我の総合の可能性を見てきた。ではそれは人間の社会性といかに結びつくか、という点が問題になる。ネスの議論に対するもう一つの重要な批判はこの社会的観点の欠落であったが、この指摘は非常に重要であるので、これは今後の課題としたい。

おわりに

本論ではアイデンティティを総合的自己感覚という観点から論じることで、現代社会に生きる私たちが、アイデンティティの問題を抱えざるをえないことを指摘した。そこでは現代に特有のアイデンティティが形成され、内的自己と外的自己の分裂が生じていることが明らかになった。しかしそれは、社会の転換という客観的事実だけではなく主観的事実によってももたらされることを指摘した。それらの二つの要素が現代において人間同士の人格的コミュニケーションを分断しているのである。

このような問題を生み出したのが資本主義的経済システムと商品化であるという基本的立場は変わらない。この現代社会に蔓延するモノ化を乗り越えていくためにはどうすればいいのだろうか。そこで浮かび上がってきたのが人間の義務・尊厳の問題と自然性に根づいた総合的自己感覚の形成である。それらは魂の欲求に結びついており、「道徳的・知的・霊的な生の全体性」への欲求とつながっている。人間の義務・尊厳や総合的自己感覚の探究という意味で本論の試みは人間学だといえ、モノ化を乗り越えていくためには総合的自己感覚が自然性に根づいているという点では環境哲学と結びつくと言えよう。

繰り返すが私は人間とははじめから確固たる自己というものを保持しているのではなく、人間を取りまく諸環境（人的環境・文化的環境・社会環境・自然環境）との相互作用の中から自己と自己の活力を見出す存在であるという見方に基づいている。そして諸環境との人格的関係（主体―主体のコミュニケーション的関係）が人間の生の質にとってかけがえのないものだと考えている。同時に人間社会に蔓延しているモノやそれに左右されるような生き方を脱し、社会を主体的に改変していくことが必要だと考えている。今問うべきは、その原動力とは何かということであり、そのような社会の実現に必要な条件は何かということであろう。

●注

1　資本主義的経済システムとはK・ポランニーの意に従えば、人間の社会関係の中の一つであった経済が独立・全面化し、経済システム（自動調整的市場メカニズム）を中心に社会関係が形成されるようになったということであり、そのシステムに組み込まれる際、人間・自然・貨幣が商品化されることになったことを意味する。

2　そのような人間をエリクソンは文化的統一体と呼び（一九六九、二八）、以下のように述べる。「……アイデンティティの道徳的基盤を提供する子ども時代を越え、また青年期のイデオロギーを越えた大人の倫理のみが、次の世代に、人間性の全過程を経験する平等な機会を保証してやれるのだ……そして、個人が、自分のアイデンティティを超越し、かつできうる限り真に個性的になり、すべての個人的特徴を越えるほどの真に個性的になるのを許すのは、ひとえにこの大人の倫理のみなのである」（同書、四五）。

3　後に述べるP・L・バーガーらは人が社会に参入する過程において第一次社会化――一般化された他者の観念の意識の確立――と第二次社会化――分業に基礎づけられた役割に特殊な知識の獲得――を分けて考え、第二次社会化の後、外化という人間的活動――客観的事実を内在化し外化し客観化して次の世代に伝達するという過程――に参加していくと考えるが（バーガー他、一九七七）、それが人間の社会的生活を成していると考える点ではエリクソンとバーガーらの考える人間観は一致しているように思われる。

4 『幼児期と社会』の翻訳者である仁科弥生の解説（エリクソン、一九八〇、二〇一四）、および東他編集企画『発達心理学ハンドブック』（一九九二）参考。

5 「演技の上手な子には『透明な存在感』を肥大させ……反対に演技下手な子たちにはイライラ感を募らせ、今日の『新しい荒れ』の土壌にさえなっています」（尾木、二〇〇〇、一一二）。

6 魂の糧となるもの、それは諸環境の中に潜んでいるものであり、それは超自然的な次元に属するものである。それは普遍的な善であり、真理・正義・愛であり、霊性と表現されるようなものである。

7 日本ではむしろ人間中心主義から非人間中心主義への転換といった世界観に注目して、そこに論点が置かれることが多い（加藤、一九九一）。それらは確かにディープ・エコロジーの内容を端的に表現するのに有効だが、それをそのまま論点にすえると、自然観・生命平等主義・ロマン主義などの批判が生じてくる（森岡、一九九四／岡本、二〇〇七）。しかしそこだけにディープ・エコロジーの論点を集約してしまうと、ネスの主張するエコフィロソフィやエコソフィの関連が見出せないのである。

8 関係主義とは主観や客観というものを、認識を構成する一つの見方を提供するもので、ゲシュタルトはそれらの複合を行うものである。ゲシュタルトとは心理学において使われるようになった用語で、人間の心象は機械論に見られるような個別的な要素の総和ではなく、それに還元できない関連性・全体性によって有機的に統合されたものであり、人はその関連性・全体性を認識する（例：音楽のメロディ、絵画）ものであるが、ネスの言う統覚的ゲシュタルトとはそこから感情や評価、規範的要素を引き出すことができるようなもののことを言う。このような関係主義や統覚的ゲシュタルトに基づいた認識が各々の人格において成熟し統合される過程をネスはエコソフィ（T）と呼び、その過程の中では時に強い一体化やそれによる深い共感がもたらされると言う。

9　ディープ・エコロジーに対する神秘主義的要素の批判以外としては社会的批判の欠如・科学的成果の過小評価・ジェンダーの見落とし等があるが、一番批判の的となっているのはこの神秘主義的要素である。その理由は、ディープ・エコロジーに魅かれた読者・環境運動家達が自身の直面する環境活動の実践からディープ・エコロジーに接近したという点と関係しているように思われる。つまり、自然体験という感覚をベースに環境を語る人たちにとって、ネスの思想を理解するために必要な哲学的要素（存在論の視点）が不十分だったことに起因する。日本におけるディープ・エコロジーの関連著書・紹介本でさえ、この哲学という枠組みからネスにアプローチしたものは少ない。少ないながら哲学的観点にふれて検討している論文を挙げてみると［佐山、二〇〇八］、［尾崎、二〇〇六、第3章第4節］、［高田、二〇〇九］などがある。またJ・A・パルマーの「ディープ・エコロジーは……究極的には実在〔根本的な世界のありかた〕と人類についての哲学的な見解によって支えられていると言えば、おそらくその骨格が最もよく示されるだろう」（パルマー、二〇〇四、一〇五）や、開龍美の「本書でエコロジー的な存在論・ゲシュタルト存在論を提唱し、全体場・関係場の概念を提示するのも、二元論の枠組みでの主観と客観の対立を下敷きにした人間対自然という理解を拒否し、人間と自然が対立関係において捉えられる以前の全体的経験へと私たちを立ち返らせるためである」（ネス、一九九七、あとがき、三五二）はネスの意図を的確に表現していると思われる。

●引用・参考文献

浅野智彦編著（二〇〇九）『若者とアイデンティティ』日本図書センター。

浅野智彦（二〇一三）『「若者」とは誰か――アイデンティティの30年』河出ブックス。

ヴェイユ、S（一九六七）『労働と人生についての省察』黒木義典・田辺保訳、勁草書房〈Simone Weil〈1951〉

La condition ouvrière, Gallimard.）。

ヴェイユ、S（一九六九）『ロンドン論集とさいごの手紙』田辺保・杉山毅訳、勁草書房（Simone Weil〈1957〉*Ecrits de Londres et dernières lettres*, Gallimard.）。

ヴェイユ、S（二〇〇五）『自由と社会的抑圧』冨原眞弓訳、岩波文庫（Simone Weil〈1955〉"Réflexions sur les causes de la liberté et de l'oppression sociale", 1934, *Oppression et liberté*, Gallimard.）。

ヴェイユ、S（二〇一〇）『根をもつこと』（上・下）冨原眞弓訳、岩波文庫（Simone Weil〈1949〉*L'Enracinement*, Gallimard.）。

エリクソン、E・H（一九六九）『主体性　青年と危機』岩瀬庸理訳、北望社（Erik H. Erikson〈1968〉*Identity : Youth and Crisis*, W.W. Norton & Company, Inc.）。

エリクソン、E・H（一九七七）『幼児期と社会　1』仁科弥生訳、みすず書房。

エリクソン、E・H（一九八〇）『幼児期と社会　2』仁科弥生訳、みすず書房（Erik H. Erikson〈1963〉*Childhood and Society, 2nd ed.*, W.W. Norton & Company, Inc.）。

エリクソン、E・H（二〇一一）『アイデンティティとライフサイクル』西平直・中島由恵訳、誠信書房（Erik H. Erikson〈1980〉*Identity and the Life Cycle*, W.W. Norton & Company, Inc.）。

尾木直樹（二〇〇〇）『子どもの危機をどう見るか』岩波新書。

尾関周二（二〇〇二）『〔増補改訂版〕言語的コミュニケーションと労働の弁証法——現代社会と人間理解のために』大月書店。

岡本裕一朗（二〇〇七）「第2章　近代自然科学とディープ・エコロジー」「第3章　ディープ・エコロジーの問題点」山内廣隆ほか『環境倫理の新展開』ナカニシヤ出版。

尾崎和彦（二〇〇六）『ディープ・エコロジーの原郷——ノルウェーの環境思想』東海大学出版。

加藤尚武（一九九一）『環境倫理学のすすめ』丸善ライブラリー。

環境思想・教育研究会（二〇〇九）『環境思想・教育研究』第三号。

佐山圭司（二〇〇八）「神としての自然――ディープ・エコロジーの思想史的考察」岩佐茂編著『環境問題と環境思想』創風社。

高田純（二〇〇九）「共生の世界観と運動――A・ネスを偲んで」『環境思想・教育研究』第三号、環境思想・教育研究会。

鑪幹八郎（一九九〇）『アイデンティティの心理学』講談社現代新書。

テンニエス、F（一九五七）『ゲマインシャフトとゲゼルシャフト――純粋社会学の基本概念』（上・下）杉乃原寿一訳、岩波文庫（Ferdinand Tönnies〈1887〉*Gemeinschaft und Gesellschaft : Grundbegriffe der reinen Soziologie*, Berlin.）。

東方沙由理（二〇一二a）「根こぎと共感――資本主義批判と脱近代の視点から」『環境思想のラディカリズム』学文社。

東方沙由理（二〇一二b）「現代日本社会における共感という視点の重要性」総合人間学会編『総合人間学』第六号、学文社。

豊泉周治（一九九八）『アイデンティティの社会理論――転形期日本の若者たち』青木書店。

西平直（一九九三）『エリクソンの人間学』東京大学出版。

ネス、Kit-Fai.（二〇一二）「アルネに安らかな眠りを…」尾関周二・東方沙由理訳、尾関周二・武田一博編『環境哲学のラディカリズム』学文社（Kit-Fai Naess〈2009〉"A Farewell to Arne Naess", *Journal of Environmental Thought and Education*, Vol. 3.）。

ネス、A（一九九七）『ディープ・エコロジーとは何か――エコロジー・共同体・ライフスタイル』斎藤直輔・

開龍美訳、文化書房博文社（Arne Naess and David Rothenberg〈1989〉*Ecology, Community and Lifestyle,* Cambridge University Press.）。

バーガー、P・L&バーガー、B&ケルナー、H（一九七七）『故郷喪失者たち——近代化と日常意識』高山真知子・馬場伸也・馬場恭子訳、新曜社（Peter L. Berger, Brigitte Berger and Hansfried Kellner〈1973〉*The Homeless Mind : Modernization and Consciousness,* Random House Inc.）。

バーガー、P・L&ルックマン、T（二〇〇三）『現実の社会的構成——知識社会学論考』山口節郎訳、新曜社（Peter L. Berger and Thomas Luckmann〈1966〉*The Social Construction of Reality : A Treatise in the Sociology of Knowledge,* Doubleday & Co.）。

パルマー、J・A（二〇〇四）『環境の思想家たち』（下・現代編）須藤自由児訳、みすず書房（Joy A. Palmer〈2001〉*Fifty Key Thinkers on the Environment,* Routledge.）。

ポランニー、K（二〇〇九）『「新訳」大転換——市場社会の形成と崩壊』野口健彦・栖原学訳、東洋経済新報社（Karl Polanyi〈2001〉*The Great Transformation : The Political and Economic Origins of Our Time,* Beacon Press.）

東洋・繁多進・田島信元編集企画（一九九二）『発達心理学ハンドブック』福村出版。

森岡正博（一九九四）『生命観を問いなおす』ちくま新書。

環境哲学から人間学への架橋

第Ⅱ部

第II部

環境哲学から人間学への架橋

第7章■上柿崇英

環境哲学における「持続不可能性」の概念と「人間存在の持続不可能性」

はじめに

われわれは第2章において環境哲学の射程について見てきた。本章ではそれを踏まえ、「持続不可能性（un-sustainability）」という概念と、それを通じた「人間存在の持続不可能性」という問題について考えてみたい(1)。

今日われわれはあらゆる場面で〝持続可能性（サステイナビリティ）〟の用語を耳にするようになっている。多くの読者がここから連想するのは、おそらくスマートグリッド、代替エネルギーといった環境技術や、低炭素社会、循環型社会、自然共生社会といった漠然としたイメージであろう。しかし〝持続可能性〟といっても、例えば「〝何を〟持続させる」のか、それを持続させることで「〝何を〟めざす」のか、「〝現在〟の持続」なのか、あるいは「存続可能な〝新しい形〟への移行」なのかというように、その概念の内実はきわめて曖昧である。そのためこの概念の実態としては、文脈に応じて都合よく用いられ、内容が食い違うどころか、しばしば真逆の意味で用いられることさえ少なくない。

ここで導入する「持続不可能性」の概念は、この定義問題を解決する一つの方法として提起されるものである。おそらくわれわれが〝持続可能性〟という言葉に惹かれるのは、われわれが現在の社会の在り方を、何らかの形で〝持続不可能〟だと感じているからではないか。〝持続可能性〟を定義できなくても、まずは「何が持続不可能なのか」を問うことによって、逆の方向から議論を展開できないかということである。

本章では、まず「持続可能性」概念が形成されるまでの経緯を簡単に追い、その概念の曖昧さが、その概念の成立過程と深く関わっていることを確認する。そして次に、現代社会が直面している本質的な「持続不可能性」として、物質循環やエネルギー代謝の立場から「環境の持続不可能性」について、システム論の立場から「社会システムの持続不可能性」について取り上げる。

後半では、以上を受けて本章のもう一つの主題である「人間存在の持続不可能性」に焦点をあてる。それは端的には、われわれ人間存在が「機能的な社会的装置」に深く依存し、互いに関係性を構築し、相互扶助や問題解決のための協力関係を生み出すことが著しく困難である状態、そしてこの社会様式の元で〝生きる〟ことそのものに大きな困難を抱えている状態であることをさしている。この問題は社会工学的な技術論からは見えてこない、われわれの社会が抱える第三の「持続不可能性」である。

1　「持続可能性」と「持続不可能性」

1　「持続可能な開発」の概念

それでは〝持続可能性〟概念の成立過程から見ていこう。出発点となるのは、それが当初「持続可能な開発（sustainable development）」と呼ばれていたという事実である。「持続可能な開発」とは、一般的には「将来世代のニーズを損なうことなく、現代世代のニーズを満たす開発」として知られているだろう。この概念は一九八七年、『われわれの共通の未来』*Our Common Future*（通称『ブルントラント報告』環境と開発に関する世界委員会、一九八七：WCED, 1987. 以下、『ブルントラント報告』と記す）において取り上げられ、一九九二年の「国連環境開発会議」（ＵＮＣＥＤ＝通称「リオ会議」）での合意文書において主要概念として用いられたことから、世界的に知られるようになった(2)。

ただしここで注意すべきことが二つある。第一に、この概念が提起された背景には、きわめて政治的な事情が関わっていたことである。きっかけとなったのは一九七二年の「国連人間環境会議」（ＵＮＣＨＥ＝通称「ストックホルム会議」）において生じた先進国と開発途上国の対立であり――当時開発途上国は、環境保護による開発抑制を先進国による一種の〝詭弁〟として捉え、貧困撲滅を掲げて経済開発の必要性を訴えた――この概念には当初から、両者の政治的な合意を妥協的に図るための、一種の〝マジックワード〟としての期待が込められていたのである(3)。実際、「持続可能な開発」を先の形で単純に理解すると、そこからは先の政治的立場にそのまま重なるように、「開発はあくまで未来世代の生存基盤を損なうことがない形で行うべきだ」というニュアンスと、微妙に異なる「現在の経済発展を今後も持続できるように開発すべきだ」というニュアンスを同時に引き出すことができることに気づくだろう。

次に第二の留意点であるが、『ブルントラント報告』を注意深く見てみると、「持続可能な開発」の定義に関して、いくつかの〝但し書き〟が含まれていることがわかる。それは、ここでの「ニーズ（needs）」とはあくまで「貧しい人々にとっての不可欠なニーズ」であること、そして〝未来世代〟に言及するのは、それぞれの世代のニーズを満たすだけの「環境の能力」には「限界（limitations）」があるからだという指摘である（環境と開発に関する世界委員会、一九八七、六六：WCED, 1987, 43.）。つまり『ブルントラント報告』における「持続可能な開発」には、すべての世代の〝欲望〟を際限なく満たしていこうというのではなく、あくまで限られた環境収容力の範囲内で、しかし人々の最低限のニーズは保証しながら生きていくというニュアンスが含まれていたのである(4)。

要するに「持続可能な開発」は、成立当初より異なる主張を両立させるための曖昧さを含んだ概念だったのだが、『ブルントラント報告』から「リオ会議」を経由して大衆化してゆくにつれて、「不可欠なニーズ」や「限界」といったニュアンスは背後に退いていき、概念としての曖昧さはますます顕著になっていったということである。

2　「持続可能な開発」と『成長の限界』

とはいえ『ブルントラント報告』では、なぜ「限界」という概念が強調されていたのだろうか。ここには〝持続可能性〟概念を考える上で重要な論点が含まれている。明白なのは、この概念の背後に一九七二年の『成長の限界』*The Limits to Growth*（メドウズ他、一九七二）と、同書が国際社会に与えた影響があったということである。

『成長の限界』は、もともとローマクラブというNGOがマサチューセッツ工科大学に委託した「人類の危機プロジェクト」の報告書であった。そこで行われたのは、当時注目されていた人口増加、工業化、資源枯渇、食糧不足、環境汚染といった指標が二一〇〇年までの地球の未来にどのような変遷をたどるのか、当時はまだ新しかったコンピューターシミュレーションを用いて大胆に予測するというものであった。そしてそこから導き出された結果とは、たとえ技術開発による資源埋蔵量の増加、有効な汚染防止策の開発、食料生産の技術革新、人口抑制といった変数を加味しても、結局人類社会は二一〇〇年を待たずして死亡率の急激な増加と人口の激減という〝破局〟を迎えるというものであった。当時の国際社会の認識では、適切な施策さえ行えば、いかなる国でも着実に経済成長を遂げられるとされていたことを思えば、〝成長の限界〟という指摘がどれほどのインパクトを持つものだったのかを想像できるだろう。

『成長の限界』では、大きく四つのことが指摘されていた。第一に、人口と工業の幾何級数的成長こそが根本的な問題であること、第二に、科学技術は重要だが幾何級数的な成長の前では無力であること、第三に、汚染や人口の問題は固有の時間差（遅れ）を伴っており、万全の対策を講じたとしても当分は問題が進行すること、そして第四に、無限の成長ではなく〝均衡状態（equilibrium state）〟への移行の必要性である。同書は社会的なインパクトが大きかった分、多くの批判に曝されたが、中でもデータの扱い方やモデルの適切さなど、およそ〝予測の正確さ〟に関するものは、ここでは非本質的であるということがわかるだろう。なぜならここでの核心部分とは、〝有限な世界〟における「幾何級数的成長」は、それがいかなるものであっても危険であり、非永続性であるということだったからである(5)。

3 「持続可能な開発」から「持続可能性」へ

以上の考察を踏まえると、先の「持続可能な開発」概念に生じた〝曖昧化〟が、概念としていかに致命的なものであったのかを理解できよう。もっともこの概念をより明確化する試みがなかったわけではない。しばしば言及されたのは〝成長〟と〝発展〟を区別すること、つまりここでいう「開発(development)」は、物質的な規模の拡大である「成長(growth)」ではなく、あくまで〝生活の質〟に基づく「発展(development)」なのだという解釈である(Daly and Farley, 2004, 6.)。

しかし一九九〇年代を通じて実際に進行したのは〝第二の曖昧化〟、すなわち「持続可能な開発」から〝開発〟が抜け、「持続可能な社会」、あるいはさらに一般化された「持続可能性」という形に概念自体が移行していくということであった。おそらく国際社会の中で、現在〝最大公約数〟として通用する「持続可能性」の定義は、〝経済〟、〝環境〟、〝社会〟の接合点、すなわち経済成長、環境保護、社会的公正の三つを両立させるというものであろう(6)。この説明は一見わかりやすく、多くの異なる立場の人々に受け入れられる余地がある。しかしこのことが逆に、この概念の〝曖昧さ〟を如実に現しているとも言える。例えばある人々はここから「地球生態系の限界を踏まえた存続可能な経済社会の創出」を期待し、またある人々はここから「環境保全と社会的公正といった〝制約〟を克服した永続的な経済成長」を語るだろう。

ここで「持続可能性」概念は、かつての「ニーズ」や「限界」と同じように、今度は「開発／発展」が抜けることによって、それ自身を規定するものの一切を失っていった。それは言わば、あらゆる立場の人間を受け入れる代わりに公然と首尾一貫性を放棄する、概念としてはある種の究極の空洞化を選択することだったのである。

2　「持続可能性」から「持続不可能性」へ
――「環境の持続不可能性」と「社会システムの持続不可能性」

われわれが「持続可能性」概念を〝生きたもの〟としていくためには、やはりここに適切な定義が不可欠である。そこで本書が試みたいのは、冒頭でも見たように、われわれの社会が直面している本質的な「持続不可能性」とは何かを問うことによって、逆の方向から「持続可能性」を定義するという方法である。ただし実際のところ、現代社会には、われわれが目を向けるべき「持続不可能性」として、少なくとも〝三つ〟の論点が存在する。ここでは第2章で取り上げた人類史における〈人間（ヒト）〉、〈自然（生態系）〉、〈社会（構造）〉をめぐる「三項関係」の変容課程を再び想起しながら、そのうちの二点について順番に見ていくことにしたい。

1　「環境の持続不可能性」

第一の「持続不可能性」として指摘できるのは、われわれの経済社会が、根本的に〝環境収容力〟という〝限界〟に基礎づけられていながら、その環境収容力の規模を超えてもなお膨張し続けているということである。この「環境の持続不可能性」は、「持続可能性」を物質循環やエネルギー代謝の観点から分析することによって明らかとなり、学問的には「エコロジー経済学（ecological economics）」の貢献がきわめて大きい（Daly and Farley, 2004.）。

「エコロジー経済学」では、われわれの経済社会をエコシステムの内部にある〝サブシステム〟と見なし、経済社会で行われるあらゆる活動をエコシステム内部の物質循環とエネルギーフローの一局面として理解する。エコシステムは一定の時間を通じて、経済社会が「使用可能な物質やエネルギー」を供給する「生産力」と、経済社会が排出した「使用不可能な廃棄物」をエコシステムへ還元する「浄化能力」を備えており、経済社会はこのエコシステムの能力に根源的に依存すると考えるのである。

ここで経済社会の「使用」と「廃棄」がエコシステムの「生産力」と「浄化能力」を上回らないとき、システム全体は持続可能となり、この状態を「定常状態（steady-state）」と呼ぶ。しかしわれわれの経済社会はまったくこのような状態にはない。それにもかかわらず経済社会が成立しているのは、われわれの経済社会が、根本的に化石燃料をはじめとした非再生エネルギーを基盤としているためである。非再生エネルギーはエコシステムの「生産力」とは異なる、いわばエコシステムでは本来〝想定されていない〟エネルギーフローであり、われわれはそのようなエネルギーを大量に使用することによって、本来使用できない大量の資源を用い、物質を移動させ、そのエネルギーの消費にふさわしい廃棄物をもたらしていると見ることができる(7)。そして経済社会がこのような形でエコシステムの「生産力」を超える「使用」を行い、「浄化能力」を超える「廃棄」を行うとき、それは現実の社会に〝資源枯渇〟や

図1　「定常状態」の経済社会とエコシステム

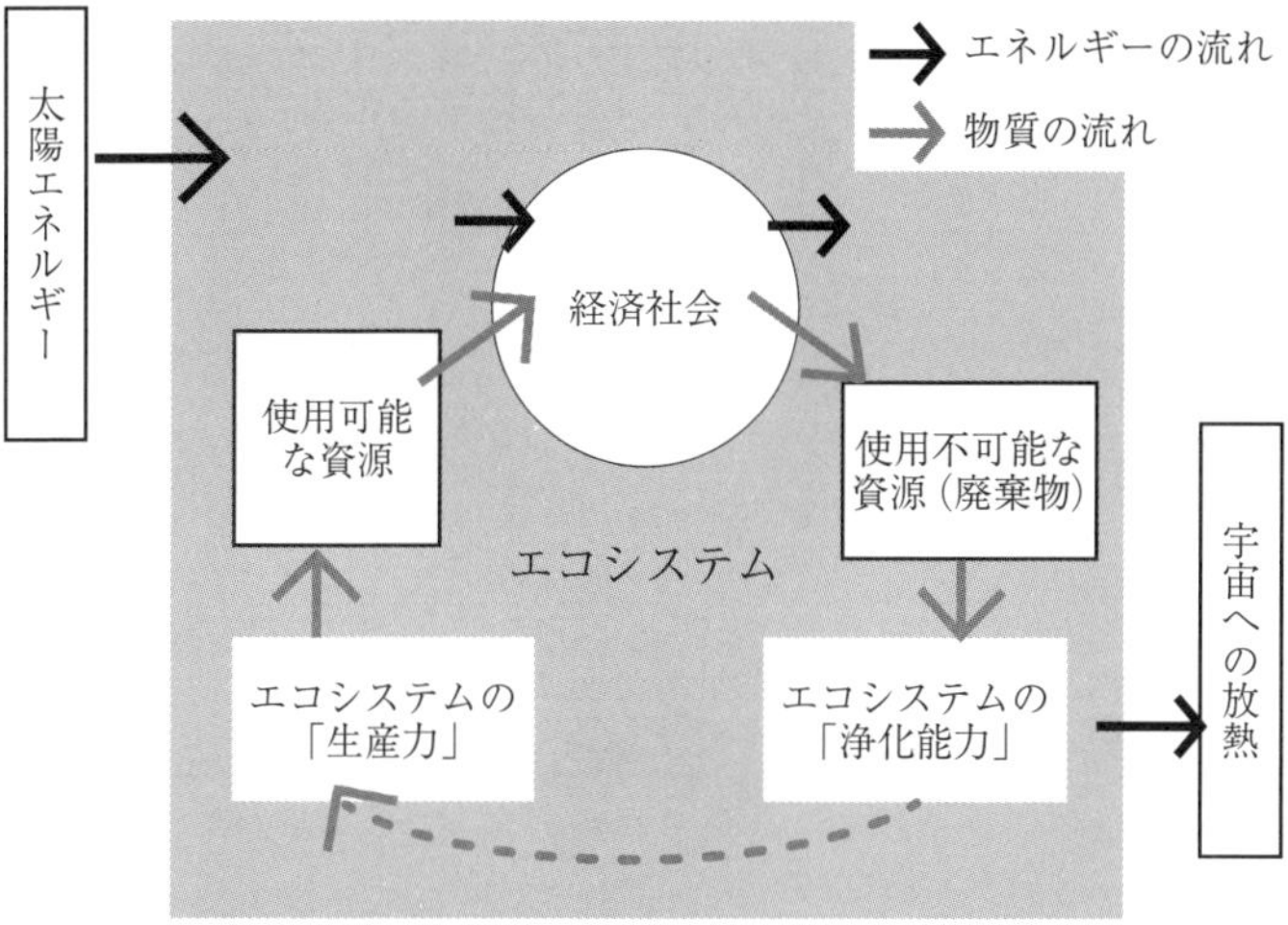

実際の経済社会とエコシステム

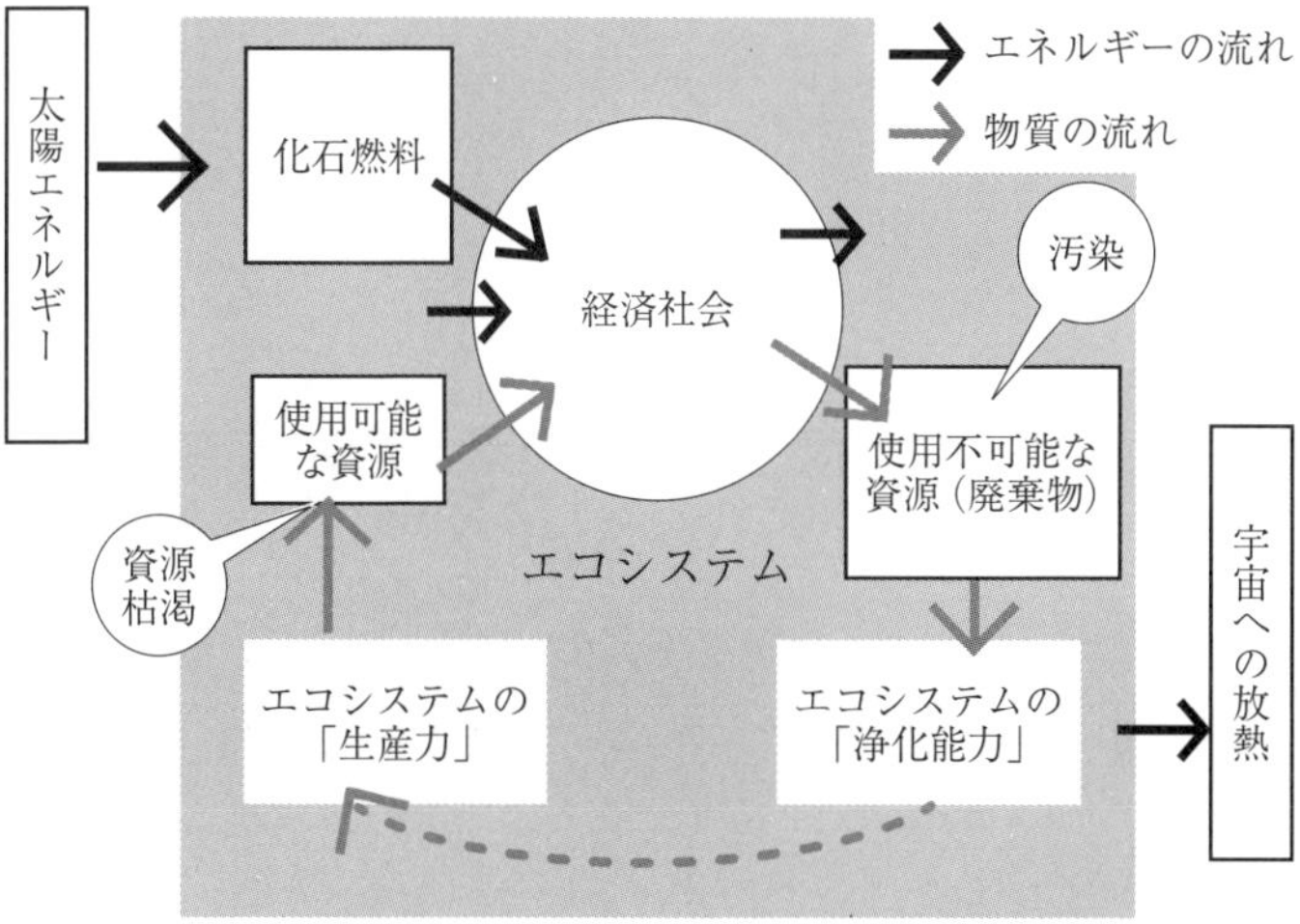

本来想定されていないエネルギーフローである化石燃料を用いることで「資源枯渇」と「汚染」が発生する。

〝環境汚染〟となって現れるのである（図1）(8)。

以上のような物質循環やエネルギー代謝の観点を踏まえて言えることは、われわれが「持続可能性」を達成するためには、経済社会のもたらす「使用」と「廃棄」の量を〝環境収容力〟の水準に適合させられるような、根本的に〝新しい社会の様式〟を構想する必要があるということである。ただしより根源的な問いとして、現在のようなエネルギーと資源の消費がなければ維持できない人間の〝福祉〟や〝幸福〟の在り方とは何かということ、そして――本論では課題として提示するに留まるが――近代的な〈社会（構造）〉の様式においては、なぜ〝経済〟は成長し続けなければならないのかという問題もある(9)。

このエネルギー基盤の移行は「三項関係」の枠組みから言えば、「第二のターニングポイント」である〈自然（生態系）〉と〈社会（構造）〉の「切断」をもたらした、一つの決定的な契機となるものである。しかしこの「切断」が何を意味していたのかということは、次の〝システム論〟を経ることによって、より明確になるだろう。

2 「社会システムの持続不可能性」

そこで次に、第二の「持続不可能性」である「社会システムの持続不可能性」について考えてみたい。ここでの焦点は経済社会の規模の問題ではなく、〝エコシステム〟からの予測不可能なリアクションに対する、われわれの〝社会システム〟の〝脆弱性〟である。そしてその手掛りを提供するのは「社会―生態システム理論（social-ecological systems theory）」といった近年のシステム論からの貢献である

(Berkes, Colding and Folke, 2003. ／マーティン、二〇〇五／ノーガード、二〇〇三)。

「社会―生態システム理論」では、〝社会〟と〝自然〟をいずれも「複雑適応システム」として理解し、両者の動的な相互作用に着目する。「複雑適応システム」とは、外部からの「攪乱」に対して、一方では自己組織化による適応を行い、他方ではその結果として予測できない複雑な振舞いをもたらすシステムのことを言う。つまりここでは〝社会システム〟と〝エコシステム〟の関係性を、相互に「攪乱」と「適応」のフィードバックを繰り返す「複雑適応システム」の動的な複合体として理解する。重要なことは、「複雑適応システム」の特徴として、一方から生じた「攪乱」は、自己組織化の過程で一定程度は〝吸収〟されるが、ある〝限度〟を超えてしまうと、システム全体が大きく崩壊し、まったく異なるシステムへと再組織化されてしまう可能性があるということである⑽。

このモデルが興味深いのは、われわれが直面している環境問題が、ある面ではまさにこのような相互作用のプロセスの帰結として理解できるためである。なぜなら環境問題の多くは〝社会システム〟の振舞いに起因し、〝エコシステム〟がそれに「適応」的に反応した結果、新たな「攪乱」が〝社会システム〟に対して環境劣化や自然災害といった形でフィードバックされるという点で、共通した特徴を持つからである。ここで生じる相互作用の帰結は、「複雑適応システム」の挙動に起因する以上、本質的に〝予測不可能〟である。そして実はここに、「持続可能性」への一つの手掛りがある。つまり〝予測不可能な危機〟が避けられない以上、われわれが〝新しい社会の様式〟を構想するに際に目を向けるべきことは、予測とコントロールをより〝完璧〟に近づけるという方向性ではなく、むしろ〝危機〟を前提とした〝社会システム〟の〝レジリエンス（柔軟性）〟――〝危機〟を吸収し、被害を最小限に食い止め

図2　複合的な「複雑適応システム」

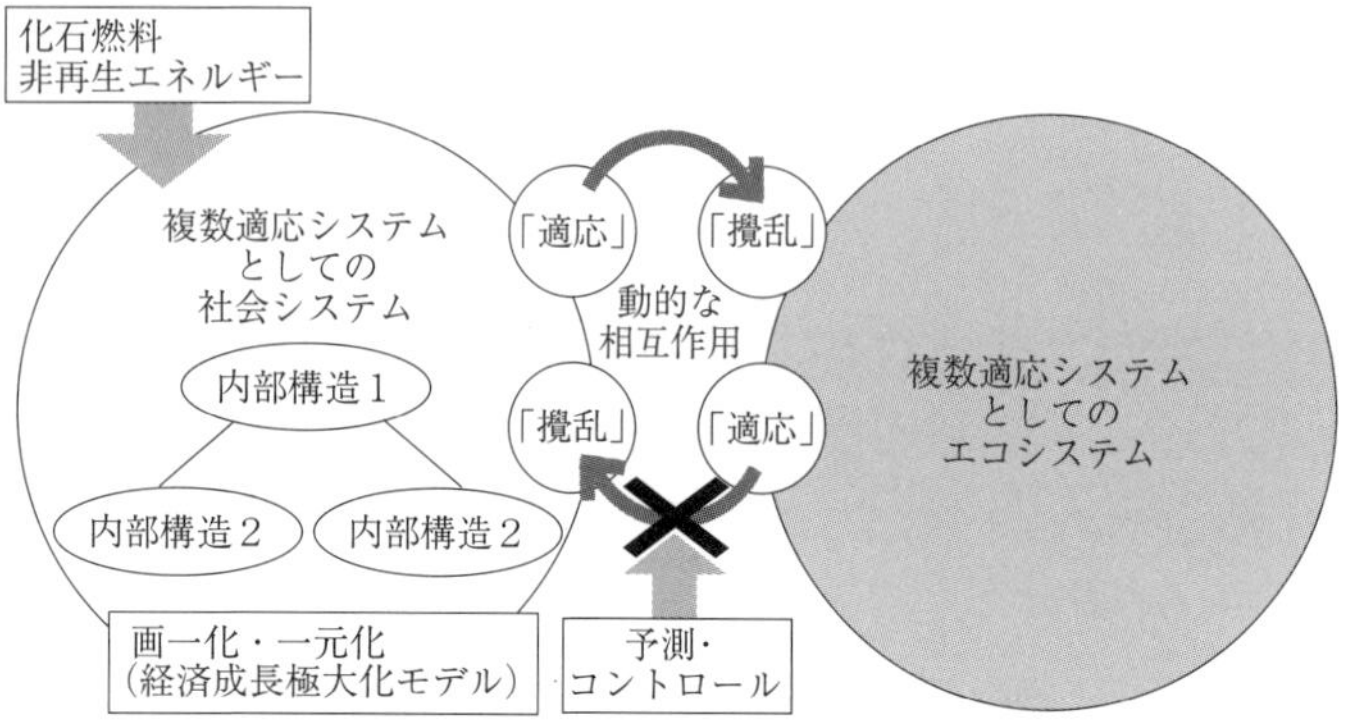

複合的な「複雑適応システム」としてみた、“エコシステム”と“社会システム”の相互作用。近代的な“社会システム”は、化石燃料を基盤とし、予測とコントロールによって“エコシステム”からのフィードバックを封じ込めることで、高度に“画一化”、“一元化”したものへと変容してきた。

るシステムとしての能力——をいかに高めるのか、ということになるからである[11]。

実のところ、われわれが生きる近代的な社会の様式は、きわめてレジリエンスの低いシステムになっている。それは端的に、われわれの社会に内在するきわめて高度に〝画一化〟、〝一元化〟された構造に由来する。われわれの社会が〝画一化〟と〝一元化〟を押し進めてきたのは経済成長を効率的に実現するためであり、それを可能にしたのは〝エコシステム〟を予測しコントロールできる科学技術であった。しかし予測とコントロールを前提としたシステムは、その組織化が高度であればあるほど、一端想定しない危機が生じると、危機がシステム全体へと波及し、より深刻な事態に直面する。われわれが環境危機に苦心しているのは、ある意味では、われわれの社会がそれだけ予測とコントロールの〝万能性〟を前提として組織化されてきた帰結であるとも言えるのである（図2）。

ここに見られる歴史の皮肉は、およそ一七世紀から二〇世紀末に至るまで、われわれの予測とコントロールは無限に拡大していくという進歩史観が強固に存在し、ある面ではそれが着実に進んでいるように実際見えていたことである(12)。しかしこの背景にあるのは、やはり〈自然（生態系）〉と〈社会（構造）〉の「切断」である。つまりわれわれが非再生エネルギーを社会のエネルギー的基盤に据えたことで、〝社会システム〟は見かけ上〝エコシステム〟への適応が不要となり、一方的な社会の論理によって、都合よく制御される対象となった。そしてそこから生じた〝錯覚〟が進歩史観を強化し、結果としてこのように著しくレジリエンスの低い社会の様式をもたらしてしまったのである。

さて、以上を通じて「環境の持続不可能性」と「社会システムの持続不可能性」について見てきたが、実は両者には大きな共通点がある。それは問題の照準があくまで個々の人間の姿を捨象した社会システムの次元に置かれているということである。こうした観点だけでは「持続可能性」の本質は社会工学的な技術論に、また環境哲学は単なる〝社会設計思想〟となるだろう。ここに不足しているのは〝人間の問題〟であり、第三の「持続不可能性」を浮き彫りにする〝人間存在〟という視点なのである。

3 「人間存在の持続不可能性」と「生活世界」、「生の三契機」の再考

それでは「人間存在の持続不可能性」について見ていくことにしよう。それは冒頭でも述べたように、われわれ人間存在が「機能的な社会的装置」に深く依存し、互いに関係性を構築し、相互扶助や問題解決のための協力関係を生み出すことが著しく困難である状態、そしてこの社会様式の元で〝生きる〟と

いうことそのものに大きな困難を抱えている状態として定義されるものである。

われわれはすでに第2章において、「生活世界」や「生の三契機」といった概念にふれ、それらが〈人間（ヒト）〉、〈自然（生態系）〉、〈社会（構造）〉の「三項関係」の変容を経ながら、いかなる形に構造転換されてきたのかについて素描を行った。ここではまず、現代社会における「生活世界」と「生の三契機」のあり方について今一度踏み込み、そこから現代社会にはなぜこれほど深刻な〝関係性の問題〟が浮上しているのかについて考えていきたい。

1 「生の三契機」の現代的位相

第2章でもふれたように、現代社会における〈社会（構造）〉の様式の特徴とは、科学技術と化石燃料に支えられた国家行政システム、市場経済システム、情報システムの複合体が異常なまでに高度に発達し、それに深く依存した人間は、もはやそれなしには生きることができなくなっているというものであった。

ここでこの〝システムの複合体〟のことを「機能的な社会的装置」と呼ぶのは、それらがいずれも、それ自体の論理によって機能的に人々の行動を調整する〝社会的な装置〟として成立しているためである（以下、「社会的装置」と記す）(13)。確かに「社会的装置」そのものは非物質的な「社会的制度」と〝インフラ〟と呼ばれる「社会的構造物」の融合物であり、「社会的装置」の実体はわれわれ一人ひとりの行動が作り出している〝仮象〟にすぎない。それにもかかわらず、われわれが「社会的装置」の連関に基づいて行動するとき、われわれの個人的な意志とは別のところで、「社会的装置」全体が自ずと機能的に運動する。それらを本論では〝歯車〟に例えるのはこのためである(14)。

それではこのような社会にあって、「生の三契機」はいかなる形態になっているのだろうか。はっきりと指摘できることは、現代社会における〈生存〉、〈存在〉、〈継承〉の契機はそれぞれに矮小化し、互いに完全に切り離されているということである。

例えば今日のわれわれにとって〈生存〉の実現とは、労働力を〝市場〟に売り、必要なあらゆる物質を〝市場〟から調達すること、そしてその〝不足分〟を〝行政サービス〟によって埋め合わせることを意味している。その文脈は市場経済のネットワークによって複雑に細分化され、貨幣と労働を媒介とした完全なブラックボックスである。それはかつての〈生存〉が、部分的には市場の助けを借りつつも、ある面では自ら自然に働きかけ、物質的生活の全体にわたって自ら主導的に関与していくものであったのとは対照的である。

同じように、今日のわれわれにとって〈存在〉の実現もまた、抽象的な国家に基礎づけられたアイデンティティと、個人的な「自己実現」(15)という形に変容している。社会的な問題の解決は遠く離れた専門家集団への依託となり、社会的生活は単なる趣味趣向の次元に還元される。それはかつての〈存在〉の実現が、一方では「生活世界」を共有する人々の一員として、そこで生じる問題に自ら向き合う自治の実現であったとともに、他方でそれが〈存在〉や〈継承〉の実現に不可欠であるという自覚のもと、その中で関係性を確立し、集団の一員として承認されていく過程であったのとは、やはり対照的である。

最後に〈継承〉の実現であるが、今日それは〝学校〟への全面的な依存によって特徴づけられる(16)。〝学校〟は、特殊な形に整備された環境と専門家集団のもとで効率的に「継承」を実現する、それ自体が特殊な「社会的装置」の一つである。しかしかつての〈継承〉は、まさに「生活世界」とそれを中心に展開されるさまざまな文脈の中で実現されていた。人間形成や社会的な〝意味の再生産〟そのものは、主として生活経験と、その中で繰り広げられる人間関係を通じて成されていたのであり、〝学校〟の役割とは本来、その〝補助機関〟にすぎなかったはずなのである。

いずれにしても、ここで「生の三契機」は分断され、ぞれぞれの契機は「生活世界」の確固とした土台を失っている。ここには「社会的装置」に依存した個別的な「経済活動」や「学習」、あるいは野放図に肥大化した「自己実現」はあっても、それらを具体的な生活実践の中で等身大に結びつけていた「生活世界」の実体は失われているのである。象徴的な表現ではあるが、現代に生きるわれわれはなぜ、自信を持って〝生きる〟ということを語ることができないのだろうか。われわれの〝生〟に対する具体性とリアリティの欠如は、こうした「生の三契機」の矮小化と相互分断という問題と決して無関係ではないように思える。

2 「生活世界」の構造転換

「生活世界」が失われていく過程、すなわちこの「生活世界」の構造転換には、社会的にはいくつかの段階があったと考えられる。最初の契機となったのは、社会的近代化の過程で急激な都市化が起り、人々が地縁的な関係性の枠組みに必ずしも拘束されなくなったことである。これは一般的に「伝統的共同体」の解体として描かれる過程であり、確かにこのとき多くの地縁的な〝中間組織〟はその存在意義を失い、人々の流動化が進行した(17)。しかしわれわれが目を向ける必要があるのは、この時点ではまだ「地域社会」の実体、あるいは地縁を契機とした人間的な信頼関係の基盤が残存しており、都市部においても、重層的な人間関係を通じて何らかの形で「生活世界」が担保されていたのではないかということである(18)。それは構造的には〝市場経済〟や〝国家行政〟をはじめとした「社会的装置」と諸個人の間にあって、〝共助の緩衝帯〟としての役割を果たしていた、社会的な〝層〟としての「地域社会」である。

したがってわれわれが注視すべきなのは、むしろニュータウンやベッドタウンに象徴される〝郊外〟が形成されていく中で、徐々に地縁的な関係性が意味を失い、「地域社会」が実体を失っていった段階である(19)。この変化に内在する本質的な問題を理解するための格好の例は、先に見た〈継承〉の文脈の変化であろう。前述のように〝学校〟という「社会的装置」は当初、「生活世界」における単なる〝補助機関〟に過ぎなかった。つまり人間が成長し、社会化される舞台はあくまで「地域社会」であって、そうした〝生活〟実践からはえられない特殊な知識を取得できる場が〝学校〟だったわけである。しかし「地域社会」が空洞化し、人々の生活が互いに接点を失うことで、結果として、孤島と化した〝核家族〟と、〝学校〟という「社会的装置」だけが、溢れかえる情報と商品の直中に宙づりとなる形でその場に残ったのである(20)。ここには「社会的装置」への依存と「地域社会」の空洞化という二つの事態が、同時に進行していく過程として読み取れよう。

こうして到達した現代社会を、ここでは象徴的に「中抜け社会」、あるいは「ぶら下がり社会」と呼ぶことにしたい。「中抜け」というのは、巨大になった「社会的装置」と互いに孤立した諸個人との間に、かつては〝共助の緩衝帯〟として存在した「地域社会」が、社会的生活の中心としてあったはずの

図3　実体を保持している「地域社会」

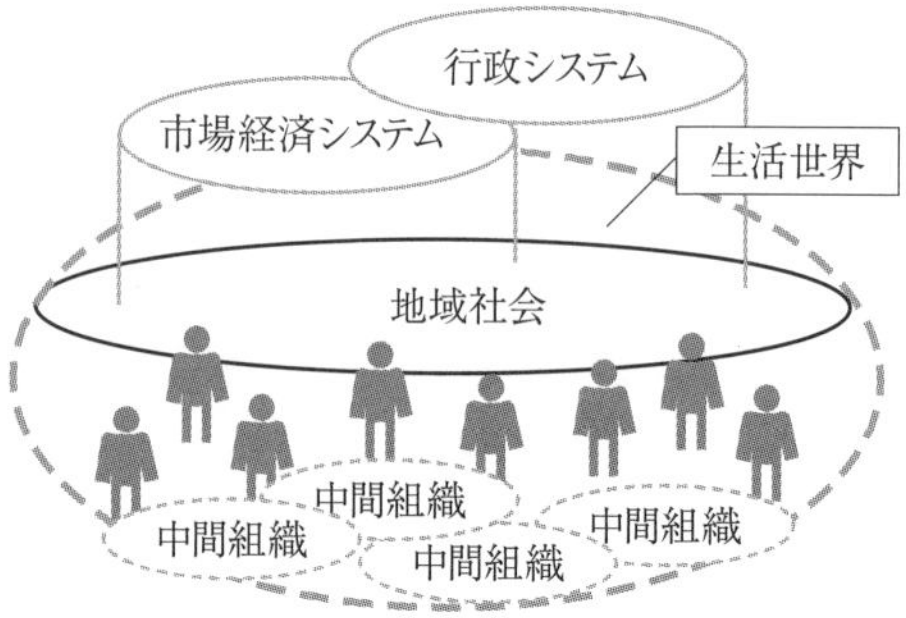

「中抜け社会」および「ぶら下がり社会」のイメージ

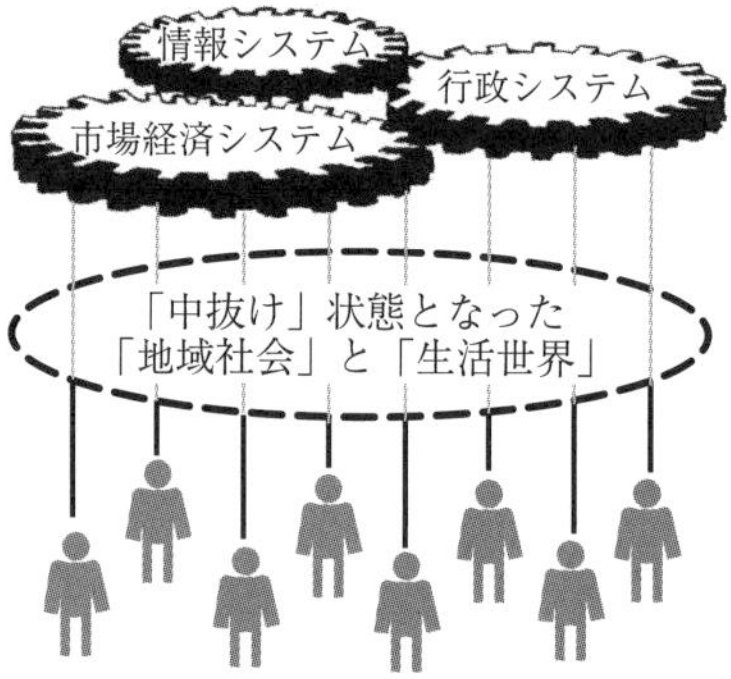

「生活世界」とともに欠落してしまっていることをさしている。他方で「ぶら下がり」というのは、「中抜け」によってわれわれが、一人ひとり直接に、また完全に別々に「社会的装置」に接合されるという事態をさしている。ここに見られるのは、物理的には互いに接触する位置にいながら、互いに精神的に、あるいは存在論的に完全に切り離されているという、非常に特徴的な関係性である（図3）。

3　「共同の動機」の不在がもたらす社会病理

ここから考えたいのは、こうした現代社会に生きるわれわれにとって、〝他者〟や〝隣人〟との関係性を構築し、維持していくことが、なぜこれほど困難を伴うものになっているのかということである。着目したいのは、「共同の動機」の不在、という論点である(21)。

そもそも現代社会において「ぶら下がり」が可能なのは、「社会的装置」への〝接続〟さえ維持できれば、ある面では直接的な他者との関係性を一切遮断しても、最低限の生活が成り立ってしまう側面があるからである(22)。この〝生〟の高度な自己完結性によって、現代社会においては〝他者〟や〝隣人〟とともに関係性を構築し、協力関係を維持しようとする動機、すなわち「共同の動機」が働かない。それはかつて「生活世界」の実体が存在した世界において、「生の三契機」の実現には〝他者〟や〝隣人〟との協力関係が不可欠であり、そこに明白な「共同の動機」が働いていたのとは対照的である。

「共同の動機」の不在が問題となるのは、それが社会的な相互不信の悪循環をもたらし、関係性を徐々に解体させる方向にわれわれを導くからである。「ぶら下がり社会」においては特定の人間同士が関係性を取り結ぶ必然性もなければ、特定の物事のために既存の関係性を継続する必然性もない。そのためコミュニケーションの敷居が上がり、関係性は不安定なものにならざるをえない(23)。象徴的に言えば、私が誰かを思いやったとしても、その誰かが私を思いやってくれる保証はない、自身が相手を信頼していると思っていても、相手が自身を信頼してくれていると思える手掛りがどこにも見出せない(24)。こうした小さな不信感から誤解が生じ、それに従ってさらなる不信感が拡大するというわけである。

また「ぶら下がる」状態を維持するためには、自身と「社会的装置」とを結ぶ〝生命線〟が、文字通り絶対に断ち切られてはならない。人々は「ぶら下がる」ことに必死で、互いに〝手を握る〟余裕がないことをお互いよく知っているために、現代人は「社会的装置」からの〝接続〟を絶たれることを何より恐れている。その絶え間ない不安から、辛辣な競争社会の中で心理的に追い詰められていくことになるのである。

そして特筆すべきは、ここで「情報システム」が果たした役割である。インターネットやSNSが現れた当初、確かにそれらは人々を結びつける〝コミュニケーション〟の補助装置となるよう期待されていた。しかしそれらが現実に引き起こしたのは、そうした手軽な〝コミュニケーション〟を行う「社会的装置」が存在することによって、逆にリアルな関係性の敷居が一段と高くなり、結果として関係性の基盤がいっそう脆弱になるという事態である(25)。本来〝補助機関〟に過ぎなかった「社会的装置」に人々が過度に依存した結果、協力して維持されてきた〝母体〟が瓦解し、「社会的装置」への依存が決定的なものになっていくという悪循環は、ここにも見ることができるのである。

以上を通じてわれわれは、現代社会における人間存在の実像について、「生の三契機」の矮小化や「共同の動機」の不在といった論点を手掛りにしながら見てきた。そこにあったのは、〝生〟へのリアリティの欠如、関係性の著しい脆弱化、そして「ぶら下がる」ことへの心理的負担といった人間学的問題である。それらはいずれも、現代社会に生きるわれわれにとって〝生きる〟ことを困難にさせる要因となる。その中でも、とりわけ重要なのは〝関係性の問題〟であろう。実際それは一つの「持続不可能性」としても捉えることができる。なぜなら先に見たように、〝予測不可能な危機〟は必ず起り、この近代的な「システムの複合体」が今後も恒久的に機能する保証はどこにもないからである。何かの要因によって、仮にこの「機能的な社会的装置」の〝歯車〟が突如機能不全となる場合、われわれに残される道は〝等身大の共助〟だけとなる。「ぶら下がる」ことに慣れてしまったわれわれに、このことが本当に可能なのだろうか。また仮に「社会的装置」がこれからも機能し続けたとしても、この〝歯車〟の運動の中で苦しみ、人知れず姿を消していく人々が存在する現状を放置して「持続可能性」を語ることはやはりできないだろう。

結びにかえて

本章では「持続可能性」を問うにあたって、現代社会が直面している「持続不可能性」というものに着目し、その具体的な内容について見てきた。理論的には、少なくともこれらの三つの「持続不可能性」が同時に克服される社会こそ、真に〝持続可能な社会〟ということになるだろう。しかしこれらの問題を解決していくことは実際容易ではない。特に「人間存在の持続不可能性」については、未だに決定的となる解決方法は導出されていない。現代社会が抱えている人間の問題は、相当に根深いものであるとわれわれは考えるべきである。

実際、ここで見た「人間の危機」の背後には、〈近代〉というものが陥った〝歴史的逆説〟が存在している。〈近代〉に〝約束〟されていた未来では、市場経済システムや行政システムが機能することによって、人間に社会的な自由と平等が実現され、諸個人が「伝統的共同体」の〝くびき〟から解放され、やがては主体性を獲得し、自由な個性を全面的に展開していくはずであった。確かにわれわれは、この一〇〇年余りにわたって物質的な水準と同時に、それに支えられた社会的な自由の幅を驚くべき規模で拡大させてきた。しかし人々を自由にするはずの「社会的装置」は、文字通り人々を〈自由〉にするがゆえに、同時にわれわれの〝人間的基盤〟をことごとく瓦解させ、人々の「社会的装置」への全面的な依存を生み出していく。われわれはこの逆説を従来の理論に囚われることなく、新たな目線で再考していく必要があるだろう。

二〇〇〇年代の初頭、NGOやNPOへの期待から、盛んに「新しい公共性」や「アソシエーション革命」が話題となり、そこでは自発的な意志によるアソシエーションが、ともすればわれわれの社会的紐帯を新しい形で完全に代替する、といった議論さえ散見された。しかし筆者はアソシエーションの社会的役割を高く評価しつつも、それが根源的な〝人間的基盤〟を代替するとは考えない。そもそも「共同性」とは、単なる〝善意〟や〝正義感〟、〝共感〟や〝同一性〟だけで作り出せるものではない(26)。おそらくそこには忍耐と寛容、そしてそれを維持すべきだとする〝事実〟と〝意味〟の共有、さらには信頼関係を構築するためのさまざまな〝人間的能力〟が必要となる。気がかりなのは、関係性の必然性が失われていく過程で、新しい世代ほど幼少期の生身の対人経験が縮小し、この〝人間的能力〟の社会的な再生産がますます困難になりつつあるように見えることである(27)。われわれが生きているのは、もはやあらゆる〝共同〟の残渣が塗りつぶされ、最後に残された〝家族〟でさえも意味を失いかけている時代である(28)。その中で〝共同〟をめぐる〝事実〟と〝意味〟が失われ、いまやそれを担うための〝能力〟でさえもわれわれは失いつつあること、これはわれわれが今後とも考えていくべき重大な問題であるように思える。

また筆者の議論では現代社会の人間学的問題を強調し、その際にかつて存在した〝伝統的な〟「生活世界」の描写を数多く参照しているが、それを単なる過去への憧憬主義と受け取るのは誤りである。ここで必要なことは、むしろわれわれがすでに〈人間（ヒト）〉と〈社会（構造）〉の不整合が相当程度に進行した時代に生きているという自覚である。それゆえ、両者の〝整合性〟がかろうじて維持されていた時代の姿を参照することは、過去への回帰を促すためではなく、新たな〝未来〟のための手掛りとして、むしろ不可欠なことである(29)。

かつて〈社会（構造）〉は〈自然（生態系）〉から自らを「切断」し、歯止めの利かない膨張を開始した。そして今や、それは〈人間（ヒト）〉の文脈からも「切断」されつつある。われわれは人間存在の本質、〝人間の条件〟とは何かという地点に今一度立ち返る必要がある。そして異常に突出した〈社会（構造）〉を再び〈人間（ヒト）〉の本質に埋め戻す試みをいかにして実現できるのか、それを問わねばならないのである。

●注

1　本章の内容のうち、「持続不可能性」に関する議論については［上柿、二〇一〇］に詳細が取り上げられており、「生活世界」の構造転換や「ぶら下がり社会」といった議論については［上柿、二〇一五］においてかなり踏み込んだ議論が展開されている。

2　『環境辞典』によると、初出は国際自然保護連合の『世界保全戦略』であるとされている。

3　こうした経緯については［マコーミック、一九九八］などを参照。

4　ただし実際には、ここでも「限界」は「技術・社会的組織のあり方によって」変わるとあり、この時点ですでにかなりの曖昧さを含んでいることがわかる。

5　「幾何級数的成長」のわかりやすい例として、「睡蓮の寓話」というものを考えてみよう（メドウズ他、二〇〇五)。例えば一日で二倍に成長する睡蓮があり、それがごく小さなサイズから池全体を覆い尽くすまでに三六五日かかるとする。そして睡蓮が池の半分まで成長した段階で睡蓮の駆除を開始する場合、駆除に残された時間は何日あるか、という問いである。正解はわずか一日である。「睡蓮の寓話」は、われわれが「直線的成長」を想像できても「幾何級数的成長」を想像することがいかに難しいのか、また「幾何級数的成長」が行われているとき、なぜ実害が明白になった時点ではすでに手遅れの場合が多いのかを教えてくれる。

6 この点において、「人間システム」という概念を提起した「サステイナビリティ学」(小宮山編、二〇〇七)はきわめてユニークな枠組みを持っていた。

7 この本来〝想定されていない〟エネルギーフローをもたらすという点においては〝原子力〟も〝核融合〟も同じであり、このように見ることによって、われわれはなぜ両者が本当の意味での〝持続可能性〟には寄与できないのかを実感することができるだろう。

8 われわれの経済社会の〝環境収容力〟からの超過分を直感的に理解できる指標として「エコロジカル・フットプリント」がある。これは環境負荷を土地面積に換算したものであり、それによると一九八〇年頃にわれわれはすでに〝地球一個分〟を超えてしまい、世界のすべての人口が先進国並みの消費スタイルを採用すると、地球がさらに数個分必要になると言われている(ワケナゲル&リース、二〇〇四)。

9 この最後の問いについては、古典的にはK・マルクスが提起した「資本の運動」をめぐる議論にまで遡れるが、それは「エコロジー経済学」においても依然として根源的な問題である。近年の文献として「ラトゥーシュ、二〇一〇」が挙げられるが、環境哲学においても引き続き研究される必要があるだろう。

10 例えば過放牧による砂漠化は、この典型的な事例としてしばしば取り上げられている。

11 それは津波に例えるなら、津波の被害があるたびに、よりいっそう高くて堅固な防波堤を建設するという方向性ではなく、将来的に避けられない被害に直面することを念頭に、例えば人間の集団としての潜在力を高めることによって被害を最小限にしていくような方向性である。

12　近代的世界像と進歩の概念が、複雑系の諸前提といかに矛盾しているのかという点について取り上げたものとして［ノーガード、二〇〇三］がある。

13　この概念はもともとハーバーマス（ハーバーマス、一九八七）が用いた「生活世界（Lebenswelt）」に対する「システム（System）」の概念に由来する。ここではそこにさらに「情報システム」を加えている。

14　例えばわれわれは労働者として企業や行政に参加し、その組織の論理や役割に従って行動しているに過ぎないが、結果的には、それによって社会全体に物質やサービスが行き渡るようになっている。同じようにわれわれは各々の関心に従って端末から情報を呼び出し／入力しているに過ぎないが、結果としてそこに一つの巨大な「情報世界」が形成されている。この「社会的装置」が後述の〝中間組織〟と異なるのは、その規模の巨大さだけでなく、機能性に特化しているために社会的な〝意味〟や文脈がそぎ落とされ、個別の場所性や、個々の人格性が抽象化されていく点にある。その意味では「社会的装置」の全面化は〈社会（構造）〉内部の構造転換、すなわち「社会的構造物」と「社会的制度」の複合体のみが肥大化し、「シンボル／世界像」が縮減する事態としても論じることができる。

15　ここでの「自己実現」は、しばしば諸々の他者性や社会的現実から隔離され、過剰に純化された自意識の発露として展開される。別名は「自分探し」である（速水、二〇〇八）。

16　イリイチ（一九七七）の議論はこの点について参考になる。

17　例えばかつての農村においては、水利組織、労働組織（道ぶしん）、祭祀組織、信仰組織（講）、消防・防犯の組織といった、共同を円滑にするための中間組織が数多く存在した（鳥越、一九九三／米山、一九六七）。ただしこのことは都市部であっても同じであり、例えば江戸期には〝町内〟や〝町組〟が、明治以降では〝町内会〟が中心となり、そこに〝青年会〟や〝婦人会〟などが加わることで、衛生、防火、美化清掃を含む生活全般にわたるさまざまな相互扶助が組織化されてきた。昭和初期の町内会は戦時体制を陰で支えたとしてGHQによっていったん廃止されたが、実体は地域に存続し続け、講和条約の後には相次いで自発的に復活していったとされる（倉沢・秋元、一九九〇）。こうした中間組織が衰退していくのは、高度経済成長によって人々が物質的に豊になり、生活組織の存在意義が相対的に低下していったことが深く関わっていると考えられる。

18　確かに高度経済成長は中間組織とともに、地縁的な人々が共有していた、互いに協力しなければならないという〝事実〟をかなりの部分で解体させた。しかし〝共同する〟こと、そしてそれが繰り返し人々に担われてきたことの〝意味〟が、人々の信頼関係を通じて「地域社会」で共有されているうちは、おそらく「生活世界」は一定の実体を持ち続けた。したがって「生活世界」の構造転換は、後述の「郊外」が都市を覆い尽くし、そこで育った新たな世代が社会の中心を占めるようになるときに〝完成〟する。「郊外」では「地域社会」の人間的な紐帯が当初より欠落しており、幾世代にもわたって人々が繋いできた〝共同の意味〟は、ここで次世代に受け継がれることはなかったからである。

19　この「郊外の形成」とそこで育つ若者たちのメンタリティの関係を社会学的に論じたものとして［宮台、一九九四］がある。一九八〇年に生まれた〝著者自身〟も含め、ここで描かれた〝若者たち〟が、今日の子育て世代であることに注目してほしい。

20　近年指摘されている子どもの「自尊感情の低さ」の問題（古荘、二〇〇九）と、「地域社会」や「生活世界」の空洞化に伴う社会環境の変化との関連性は、考えるに値する問題設定であるように思える。

21　「共同の動機」の概念は、増田（二〇一一）の議論から大きな示唆をえた。このアプローチはわれわれに、〈存在〉の契機がいかに根源的に〈生存〉や〈継承〉と結びつくものであるかを再確認させるという点において、例えば近年の「承認論」とも本質的に異なっている。「承認論」では〈存在〉の実現を単なる自己存在の

「承認」という形で捉えるために、「生の三契機」における根源的連関性が掌握できず、典型的には〝関係性の問題〟を「伝統的価値の共有」か「ポストモンダン的価値の相対化」か、といった次元のもとでしか捉えることができない――例えば［山竹、二〇一一］。われわれが目を向けるべきは「承認」ではなく、「信頼」が構築されるにあたって、根源的な契機となるのは何かという点である。

22 実際、われわれは〝貨幣〟さえあれば、コンビニエンスストアですべての用を足し、インターネットの掲示板で交流しながら、誰とも人格的に関わらずに生きていける。

23 わが国ではすでに相当の〝未婚化〟が進んでおり、将来的に生涯未婚率は男性が三割に、女性は二割になると言われている（山田、二〇一四）。このことが価値の多様化や経済的問題のみによって説明できるとは筆者には思えない。むしろ筆者が想起するのは「ぶら下がり」による生の高度な自己完結性と、土井（二〇〇八）の言う「傷つかない、傷つけない」を徹底する「優しい関係」である。

24 われわれはここで、そもそも〝共同〟とは〝負担〟を伴うものであり、〝負担〟を伴わない関係性など存在しないということを想起すべきである。こうして現代人は誰かを目前にして、その人が本当にこの関係性に伴う〝負担〟を引き受ける意志があるのかどうかについて、絶えず脅迫的な不安を抱えることになる。

25 こうした現実と「情報世界」の二重性がもたらす相互不信の拡大は、土井（二〇〇八）など多くの論者によって指摘されている。

26 例えば〝共同〟を「（複数の人間が）共に同じであること」と理解するのは誤りである。その本来の意味は「何かを共に行う」ことであって、それは「力を合わせて何かを実現していく」〝協同〟とも限りなく近い、人間存在の最も基本的な社会的紐帯を表す概念である。

27 確かに浅野（二〇一三）が言うように、現代的コミュニケーションの特徴は「状況志向」であり、そこでは関係性が「多元化」しただけで「希薄化」したわけではないと言えるかもしれない。しかしここで単なる趣味・嗜好の次元で展開されるコミュニケーションと、自身や家族の人格、あるいは生活や実利に直接結びつくような〝生身の現実〟に関わる次元でのコミュニケーションとを混同すべきではない。〝共同〟の能力が試されるのはむしろ後者であって、前者ではないからである。「ぶら下がり社会」では、多くの個人が「多元化する自己」に基づいて無数の「島宇宙」（宮台、一九九四）を形成する。しかしそこで繰り広げられる「優しい関係」（土井、二〇〇八）の〝作法〟は、とても本当の意味での〝むき出し〟に耐えうるものではない。そうした事態に現代人はまったく慣れていない。何かのきしみで特定の関係性に対する諦観と期待の均衡が崩れるとき、「多元化する自己」という戦略はあっけなく破綻し、そこに多くの悲劇が生まれるだろう。

28 ［岩上・鈴木・森・渡辺、二〇一〇］、［山田、二〇〇五］など。

29 「生活世界」の自明性が崩れた現代においては、無条件に健全な「生活世界」を前提してきた既存のあらゆる人間的命題が批判に曝される（上柿、二〇一五）。ここではこうした論点が〝理想〟や〝願望〟とは無関係に、われわれが必ず通過しなければならない〝人間学的参照点〟として言及されている点に注意したい。

●引用・参考文献

浅野智彦（二〇一三）『「若者」とは誰か――アイデンティティの30年』河出ブックス。

イリイチ、Ｉ（一九七七）『脱学校の社会』東洋・小澤周三訳、東京創元社（Illich, I.〈1970〉*The Deschooling Society*, Harper &Row.）。

岩上真珠・鈴木岩弓・森謙二・渡辺秀樹（二〇一〇）『いま、この日本の家族――絆のゆくえ』弘文堂。

上柿崇英（二〇一〇）「三つの〝持続不可能性〟」竹村牧男・中川光弘編『サステイナビリティとエコ・フィロソフィ――西洋と東洋の対話から』ノンブル社、一二七～一六九頁。

上柿崇英（二〇一五）「〈生活世界〉の構造転換――〝生〟の三契機としての〈生存〉〈存在〉〈継承〉の概念とそ

の現代的位相をめぐる人間学的一試論」竹村牧男・中川光弘監修、岩崎大・関陽子・増田敬祐編『自然といのちの尊さについて考える』ノンブル社。

環境と開発に関する世界委員会（一九八七）『地球の未来を守るために』大来佐武郎監修、福武書店（WCED〈1987〉*Our Common Future*, Oxford University Press.）。

倉沢進・秋元律郎編（一九九〇）『町内会と地域集団』ミネルヴァ書房。

小宮山宏編（二〇〇七）『サステイナビリティ学への挑戦』岩波書店。

土井隆義（二〇〇八）『友だち地獄――「空気を読む」世代のサバイバル』ちくま新書。

鳥越皓之（一九九三）『家と村の社会学（増補版）』世界思想社。

ノーガード、R・B（二〇〇三）『裏切られた発展――進歩の終わりと未来への共進化ビジョン』竹内憲司訳、勁草書房（Norgaard, R. B.〈1994〉*Development Betrayed*, New York, Routledge.）。

ハーバーマス、J（一九八七）『コミュニケイション的行為の理論（上・中・下）』未来社（Habermas, J.〈1981〉*Theorie des kommunikativen Handelns*, Suhramp.）。

速水健朗（二〇〇八）『自分探しが止まらない』ソフトバンク新書。

古荘純一（二〇〇九）『日本の子どもの自尊感情はなぜ低いのか――児童精神科医の現場報告』光文社新書。

マーティン、G（二〇〇五）『ヒューマン・エコロジー入門――持続可能な発展のためのニュー・パラダイム』天野明弘監訳、関本秀一訳、有斐閣（Marten, G. G.（2001）*Human Ecology*, Earthscan Publication Ltd.）。

マコーミック、J（一九九八）『地球環境運動全史』石弘之・山口裕司訳、岩波書店（McCormick, J.〈1995〉*The Global Environmental Movement*（2ed）, John Wiley & Sons Ltd.）。

増田敬祐（二〇一一）「地域と市民社会――「市民」は地域再生の担い手たりうるか？」『唯物論研究年誌(16)』唯物論研究協会、三〇一～三二五頁。

宮台真司（一九九四）『制服少女たちの選択』講談社。

メドウズ、D・H他（一九七二）『成長の限界――ローマ・クラブ「人類の危機」レポート』大来佐武朗監訳、ダイヤモンド社（Meadows, D. H., Meadows, D. L., Randers, J. and Behrens Ⅲ, W.〈1972〉*The Limits to Growth*, Signet.）。

メドウズ、D・H他（二〇〇五）『成長の限界――人類の選択』枝廣淳子訳、ダイヤモンド社（Meadows, D.H., Randers, J., Meadows, D.L.〈2004〉*Limits to Growth : the 30 year Update*, Chelsea Green.）

山田昌弘（二〇〇五）『迷走する家族――戦後家族モデルの形成と解体』有斐閣。

山田昌弘（二〇一四）『「家族」難民――生涯未婚率25％社会の衝撃』朝日新聞出版。

山竹伸二（二〇一一）『「認められたい」の正体――承認不安の時代』講談社現代新書。

米山俊直（一九六七）『日本のむらの百年――その文化人類学的素描』NHKブックス。

ラトゥーシュ、S（二〇一〇）『経済成長なき社会発展は可能か？――〈脱成長〉と〈ポスト開発〉の経済学』中野佳裕訳、作品社（Latouche, S.〈2007〉*Petit traité de la décroissance sereine*, Mille et une nuits.）。

ワケナゲル、M＆リース、W（二〇〇四）『エコロジカル・フットプリント――地球環境持続のための実践プランニング・ツール』和田喜彦監訳、池田真理訳、合同出版（Wackernagel, M. and Rees, W.〈1996〉*Our Ecological Footprint*, New Society Publishers.）。

『環境辞典』日本科学者会議、旬報社、二〇〇八年。

Berkes, F., Colding, J. and Folke, C., eds.〈2003〉*Navigating Social-Ecological Systems*, Cambridge University Press.

Daly, H. and Farley, J.〈2004〉*Ecological Economics*, Island Press.

第8章■関　陽子

環境哲学・倫理学からみる「鳥獣被害対策」の人間学的意義

〈いのち〉を活かしあう社会のために

はじめに――「疎外」問題としての鳥獣被害問題

寛延二（一七四九）年の東北で、数千人もの餓死者を出す「猪飢渇《いのししけがじ》」とよばれる獣害が発生した。商品経済の浸透による、大豆の生産拡大に起因する被害だった。その惨事に衝撃を受けた安藤昌益は、獣害による〈いのち〉の犠牲が人間の営みの本質としての「直耕《ちょっこう》」の剥奪に由来することを見抜き、そして憤った。安藤昌益は資本主義を知ることはなかったが、商品経済や貨幣経済が孕む矛盾を、つまり人間から人間的本質が外化される「疎外（英 alienation：独 Entfremdung）」的側面をすでに見抜いていたと言える。経済とは本来的に人間と自然を媒介する一つの社会的カテゴリーで、「自然からの自由」と「自然との一体性」を含み持つ人間的本質に基礎づけられている。鳥獣害そのものは農耕の歴史とともにあったが、しかし農耕が私的労働を制度化する資本蓄積運動と結びついたとき、鳥獣害は人間的本質の疎外状況としての特質をあらわにするのである。

ところで「疎外」とは、人間が自分たちのために生み出したもの――例えば国家や経済システム、自由や合理性などの価値、あるいは自己の重要な本質が、自己自身（人間）に対して抑圧的にはたらくことを意味する。ただし一般的には、剰余価値生産にともなう「労働疎外」や「人間疎外」など、資本制生産様式に関するマルクスの実践的唯物論のモチーフとして知られてきた概念であると言えるだろう。マルクスは、資本の論理の貫徹が「物質代謝（Stoffwechsel）」としての労働や人間存在の自然的諸条件を人間から剥奪することを、「疎外」として明らかにした。また近代の人間のあり方を「物象的依存関係の上に築かれた人格的独立性」として特徴づけ、それを〝社会的物質代謝〟の亀裂状況として捉えた。つまり都市と農村の分離や農山村の過疎高齢化、山林の荒廃と耕作放棄地の増加、これらによる鳥獣害の深刻化などの事態は、「疎外」の個別具体的なあらわれと言えるのである。また鳥獣による農林業への被害とは、意図せずとも野生動物に豊富な「餌場」を提供することと同じであり、常態化すれば彼らを本来的な棲み場から引き離し、彼らにそぐくした生活を奪うことにもなる。人間との軋轢が強まれば動物の〈いのち〉を〝処分〟せざるをえなくなり、野生動物の保護さえ困難にしてしまうのである。

かくして今日の鳥獣害は、化石燃料依存型の資本主義的近代化における「疎外」の帰結であり、かつ「疎外の触媒」としてはたらく近代の「矛盾」の極みである。鳥獣害による農林業被害と営農意欲の低下、環境の悪化や人身被害等は、人間の「生存」や「生活」の身体的・物質的条件ばかりか、「よき生」まで人間の〈いのち〉から奪うことになるからである。鳥獣害は水害や土砂災害と同様の自然災害の一つに見えるが、それは実のところ、人間と自然との境界線（＝かかわり）の喪失や「根こぎ」（第6章）

による、自然災害を装った社会的災害なのである。

ところが現代社会は、食料の安全保障が国民の〈いのち〉の問題として語られても、一農家の切実な〈いのち〉の問題が都市住民や野生生物の〈いのち〉を脅かす問題でもあるという認識さえも抹消された、「疎外の忘却」にまで行き着いているように感じられる。鳥獣被害対策は個人の力だけでは限界があるにもかかわらず（写真1）、人間と自然、人間と人間との「あいだ」に充填される〃疎遠さ〃は、鳥獣被害対策に必要な社会的条件の創生を阻害することにもなるだろう。

したがって逆に言えば、鳥獣害と闘うことは自然を管理・操作する人間の主体的能力を高めることではなく、「疎外された自然」を人間に取りもどし、〈完成された人間主義〉を基礎に置く社会へ向かう実践的契機となるのである。人間主義とは人間中心主義のことではなく、ルソーが〃社会契約的な個人〃のさきに「社会における自然人」の理念を掲げたように、社会の基準としての自然、人間の基準としての自然を考えることである。また〈完成された人間主義〉を基礎に置く社会とは、安藤昌益が「直耕」の奥義として説いた「互生《ごせい》」のように、互いに「個」として区別されながらも共同的存在としてある〈いのち〉が、かけ

写真１

防護柵を「若い人が手伝ってくれないから全部一人で作った」と語る高齢の男性。被害対策は個人の力だけでは限界がある（兵庫県豊岡市、2014年7月20日）

がえのないものとして十全に活《い》きる社会のことであると考える。そして当のマルクスが、他物の存在を自己存在の前提とする真理から「自然主義と人間主義の統一」を掲げたことにならえば（韓、二〇〇二）、〈完成された自然保護〉も〈完成された人間主義〉によって成りたち、「疎外」の克服としての鳥獣被害対策なしには鳥獣保護さえ実現しえない。加えて国民国家における鳥獣行政の本源的役割は、地方の「鳥獣被害問題」を新自由主義的改革の〝足かせ問題〟に貶めることなく、「疎外」の全体を見通した福祉政策の一つとして問題に取り組むことであると言える。

ところで環境哲学や環境倫理学とは、究極のところ人間が「何（what）」であり「誰（who）」として生きるべきかを、自然とのかかわりを含めて探究する「人間学」であると考える(1)。人間は「意識した生」を送り、自身の社会・文化的世界を目的を持って制作しているため、人間が人間について考えることは私たちが具体的に生きてゆくための不可避な活動なのである。その意味で、鳥獣被害対策はそれじたい人間的意義を持つと同時に、私たちが何者として生きるべきかを問いかける人間学的意義があるとも言えるのだ。また環境哲学は、ある問題の本質的特徴を分析するためのツールとして、あるいは施策の評価やデータの解釈に必要なフレームワークを設定・創設する、思索の技術としても有効な学問であると考える。

本論では、人間の活動的側面をより明確にし、また「人間」と「自然」という区別を取り払うために、〈いのち〉という枠組みを設定するところから始める。そして「人間と人間」「人間と自然」「生と死」のそれぞれの関係性に焦点をあてながら、〈いのち〉を疎外態化する社会構造を貫徹している「本質」に目をむけ、鳥獣被害対策の意義を〈いのち〉の観点から考察してゆきたい。

1 鳥獣被害問題と〈いのち〉の危機

1 かけがえのない〈いのち〉とは――いのちの個性と共同性

はじめに〈いのち〉というものを、その存立条件としての「生存」の〈生《せい》〉、身体的・物質的活動に特徴づけられる「生活」の〈生〉、そして精神的・道徳的活動によって拡充される「よき生」の〈生〉という、三つの〈生〉の位相からなる「活動態」として提示しておきたい。これらの〈生〉は相互に連関して〈いのち〉を構成し、生命体の自己形成や自己確証を担い、人間の「自己実現」にとっても不可欠な活動的本質であるとする。むろん〈いのち〉はすべての生命体に共有されているが、人間は自身の〈生〉を自己意識の対象にすることができ、個人的にだけではなく共同的にも「意識された〈生〉」を送ることができるという点において、他の生物とは異なる特徴を持つ。人間は〈生〉を対象化する意識性によって、「生存」と「生活」の身体的・物質的制約（必然の領域）を超越し、「よき生」（自由の領域）を主体的に生きることができるのである。また「よき生」を主体的に生きることとは、個人の内面的な自由意志（道徳律）にまかされているだけではなく、他者とのコミュニケーション（プラクシス）や共感を通じて達成されるものと考える。

さて、「我思う、ゆえに我あり」のテーゼで「近代哲学の父」として知られているデカルトは、「考える我」としての「自我」概念を確立し、いわば自己の内面から規定される〝かけがえのない個人〟としての近代的人間観を定礎した。デカルトの自我は、ホッブスやロック、カントを経由して「自由意志を持つ主体」となり、没個人的・抑圧的な共同体（封建社会）からの個人解放を基調とする、民主主義や資本主義、国民国家の成立など、今日の社会のありかたを決定してきた重要な概念である。つまり、自我は「他者」との関係なしに成立しうる人間特有の個別絶対的価値として、「自由」や「権利」を根拠づけ、私的所有を前提とする経済システムの成立も可能にした近代社会の根本原理なのである。

　また自己意識（理性）を自我の根拠とする考え方からは、自己以外のすべてを「客体」として認識する「主客二元論」や、精神（理性）と身体を二分する「心身二元論」（機械論的自然観）を、さらに理性的存在者（人間）と自然を分断する「人間と自然の二元論」などの二元的認識論が導かれる。これらは自然支配を容認するイデオロギーとしてもはたらきつつ、近代科学の認識論的基礎を構成し、自然科学と近代文明の発展に大きく寄与してきたのである。

　ただし、自己を主体として他者をもっぱら客体と見なす自我は、あたかも独力でいきている〈いのち〉のように、一切の共同的特質を捨象した概念でもある。よって「自我の徹底」は「共同性を剥奪された人間の徹底化」でもあり、やがて『自由からの逃走』（フロム）に示される利己的な自己へ、そして世界との関係の中で「誰」として生きるのかを奪われ、「生きる意味」を喪失した自己（ウェーバー）に転じてしまうことにもなるのだ。

　しかし〈いのち〉とは本来、「生存」「生活」の身体的活動を通じて他者や自然とつながり、共感やコミュニケーションによって「よき生」を形作りながら、「かけがえのない」ものとして生かされてもいるだろう。すると〈いのち〉の「かけがえのなさ」とは、自我（自己の内面）に根拠づけられているだけではなく、他者との「関係性」から生じるものでもあるのではないか。

例えばギリシャ語には、個体の生死を超えた次元で継承される「ゾーエー（zoē）」（根源的生命）と、そこから差異化された「ビオス（bios）」（個別的生命）という二つに区別された命がある。これらによれば、〈いのち〉は唯一無二の個別的生命（ビオス）と、共同的な根源的生命（ゾーエー）とによって二重に規定されており、個別性から出発する「かけがえのなさ」とは別に、共同の根源的世界と切り離せないことに由来する「かけがえのなさ」があると言えるだろう。それは決して、利己的な個人へと閉塞する「個別性」や「唯一性」には還元することのできない「かけがえのなさ」である。加えて医学的人間学を築いたヴァイツゼッカーは、ビオス的な「個別の生」がゾーエー的な「生それ自身」に身をおく関係を「根拠関係（Grundverhältnis）」とよび、「生それ自身」から差異化されているところに個別的生の「主体性」を捉えていることも興味深い（ヴァイツゼッカー、一九七五）。

しかしながら近代社会は、自我主体や個別的生命を積極的に強調することで自由の実現の場として疑いのない自由競争主義的な資本増殖システムを――化石燃料に依存しながら築きあげ、発展してきた。ただしその過程とは、個別化された〈いのち〉が「労働力商品」というモノに転化し、また薪炭材の不要から農業だけでなく林業も脆弱化し、かわりに資本と貨幣が共同体をベースとする循環的経済を破壊しながら肥大化するという事態でもあった。やがて資本蓄積の中心に都市が形成されてゆくと、自然に根差した人間生活は必然的に疲弊化し、「限界集落」のような問題がひきおこされる。結果として、自我に規定された近代的個人の「自由」は、〝自由を否定された《自由》〟として個人を抑圧するようになる――これが近代の矛盾としての「疎外」なのである。

2　人間からの〈いのち〉の疎外――現代の〝自由な孤人〟

「社会的共同生活の維持が困難な状態におかれている集落」を意味する「限界集落」という用語は（大野、二〇〇八）、広く農山村の社会的危機を象徴する語としても知られてきた。ただし今日の限界集落問題は、過疎高齢化が総人口減少のあおりをうけて不可逆的に拡大深化していることから、廃村や「消滅集落」によって限界性自体も消滅へと向かうようにさえ見える。

ところが農山村における人口と産業の空洞化は、耕作放棄地や放置果樹等の増加を意味し、シカやイノシシなど野生獣の拡充化の条件を必然的に生み出してゆくことでもある。獣害が営農意欲を奪い周辺集落での離農や離村をあらたに引き起こすようになると、地域の日常的な生活扶助や意思決定の機会も失われ、「限界」状況がさらに加速するという悪循環がくり返されてゆく。その土地で「農業をやりたくてもできない」「生きたくても生きられない」という事態は、人間生活の身体的・物質的問題にとどまらず、〈いのち〉の自己実現の契機そのものを奪うという点で、人間の活動的本質としての〈いのち〉が当人から剥奪される「人間疎外」の行き着いた現実の姿であろう。

ただし、こうした「限界」状況は決して農山村ばかりの問題ではなく、一方の都市でも多くの深刻な〝限界〟を抱えているとも言える。経済的富が蓄積される都市は、その豊かさとは裏腹の格差や貧困、餓死、精神疾患、虐待、過労死、自殺（しかもこれらは個人的問題として処理されやすい）など、人間的自由に矛盾する不平等と、「生存」に直結する〈いのち〉の危機にあふれていると言っても過言ではないからである。つまり農村と都市のどちらの「限界」状況も、近代社会の構造的帰結として、自我に由来する現象としては同じ問題なのである。

さらに近代の自立した「自由な個人」は、他人との関わりを忌避する孤立した〝自由な孤人〟となって、人間力そのものを喪失した「人間の危機」（亀山、二〇一〇）にまで陥っているという見方さえある。また本来的に「抑圧からの解放」という積極的な意味を持っていた「自由」は、「なぜ人を殺してはいけないのか」という〝人を殺す自由〟や、構造的抑圧や孤立が招く自殺さえ「自己責任」として処理する〝自殺の自由〟という《自由》にまでさまよいはじめているのではないか。内閣府による「ソーシャル・キャピタル（social capital）」に関する調査も、個人の確立にともなう「コミュニティの崩壊」と「孤立」状況を深刻にうけとめ、民主主義や経済システムの維持にさえ何らかの共同性が不可欠であるという切実な問題意識に基づいていることがうかがえる（内閣府経済社会総合研究所、二〇〇五）。

自己認識の絶対性から「個」を規定した近代哲学は、「生存権」から「職業選択の自由」まで、自由や平等、権利などの個性的価値を認識させた点で大きな意義がある。しかし「個の尊重」が、制度やシステムを通じて「個の徹底化」へ行きつくとき、個人の「自由」は何を実現する自由なのか、何をもって〈よき生〉が〈よき生〉たりうる社会なのか、自分は「誰」として生き、人生の目的は何かといった、「生きる意味」さえ確かめられなくなってしまうのではないか。〈いのち〉はそれ自体最初からかけがえがないだけでなく、〈いのち〉をかけがえのないものとして〈生〉をいきること（こそ）が重要であり、自己実現や自己確証を担う〈生〉が、ただ「自立的である」だけの〈生〉でしかなくなれば、それは他者とともに「かけがえのない生」をいきることを奪われた「苦しみの《生》」にほかならない。こうして自己に抑圧的なものとしてあらわれる「疎外された〈いのち〉」には、人間的〈生〉に離反する〝生存権〟しか残らないであろう。

つまるところ現代社会は、「労働力の商品化」と生活の保塁である「共同体の解体」を主な手段として、「疎外された〈いのち〉」という〈生〉のあがないによって「自由」の実現を制度化している矛盾をはらんだ社会なのである。マルクスはしたがって、この矛盾（「疎外」）の克服を意図して、「自然は、すなわちそれが人間の身体でないかぎりにおいての自然は、人間の非有機的身体である。人間は自然によって生きる。つまり、自然は人間の身体であり、人間が死なないためには自然との継続的な交流を維持しなければならないのである」（マルクス、一九六四、九四：Marx, 1982, 368.）と述べ、人間の基礎と自然の基礎を統一的に捉える人間観を提示したのである。彼が強調した人間と自然の統一的把握とは、人間を自然に没入させる一体性ではなく、また自然支配による統一でもない弁証法的理解によるもので、人間の〈いのち〉のかけがえのなさを、「自然」に根ざして実現してゆく、唯物論的・実践的な人間観であると言えるだろう。

2 〈いのち〉をつむぐ――人間と人間のあいだ

1 「共」と「協」の合力――鳥獣害に強い集落づくり

鳥獣による被害とは、さまざまな事情を抱えた農村地域の「現場」に生じ、広範で総合的な対策を必要とする問題である。ただし現場の問題とは、近代的自我や二元論といった根本原理による、「本質（Wesen）」の矛盾的あらわれとしての「現象（Erscheinung）」であり、鳥獣被害問題の真の「現実」とは「本質」と「現象」を合わせた全体としてである。そして本質の共有性からして、鳥獣被害問題（山野生動物の分布拡大）は生物多様性の喪失や破壊、あるいは失業や貧困と同根の問題であるといえ、環境問題の一つであると同時に、社会的公正としての「環境正義（environmental justice）」や「福祉」に関わる社会的課題の一つと見なすことができる。

このように、現実を本質から捉えることには大きく二つの意義があるように思う。一つは、問題の全体像を捉え、研究の奥行や活動の裾野を広げることができること。もう一つは、鳥獣被害対策を現場におかれる人々の主体的力量にゆだねるだけでなく、社会共通の課題として向き合い、取り組むべき「根拠」を与えられることにある。とくに鳥獣害の構造的要因が、「公」（国家）と「私」（市場経済）の肥大化による「共」領域（共同体、生活世界）の縮減（植民地化）にあることからして（第7章・第10章参照）、鳥獣被害対策は地域の土地や自然に根差しつつ、地域共同体のスケールを超えた「コミュニティ」や「公共圏」の拡大創生の契機となりうるであろう。

ところで、まずは鳥獣被害対策の内容を野生動物管理（wildlife management）の一分野としてみた場合から分類すると、①野生動物の生息地環境の保全（生息地管理）、②一般狩猟を含む捕獲による個体数調整（個体数管理）、③侵入防止柵の設置や集落環境の整備等による被害防除対策（被害管理）の三つに大別される。このうち鳥獣の捕獲（②）は（獣種によっては緊急性を要する）被害防止に不可欠な措置の一つであるが(2)、農地や林地が野生動物に〝都合のよい餌場〟として認識される限り、被害を通じて人間との「軋轢」は発生し続けることになる（室山、二〇〇三）（かりに防除対策を行わずに被害がなくなるまで動物を駆除すれば、動物を絶滅の危険へおいやることにもなる）。つまり――実のところ狩猟の道具化をともなっている――個体数の調整は、「軋轢の軽減」という症状の緩和に寄与しても、軋轢発生のメカニズム自体（本質）をかえる手段にはならない。それは今日の鳥獣被害が農林業や狩猟労働の「疎外」という関係性の問題に由来していることからも明らかで、よって集落や地域の人々が共同で取り組む被害防除対策（③）は、被害対策の基礎であるとともに、「疎外」を克服する実践的契機でもあると言えるのである。

しかしながら、被害防除対策の具体的な内容を見てみると――集落内の未収穫作物の回収、放任果樹・果実の除去、バッファゾーン（緩衝帯）の造成、侵入防止柵の設置と維持管理、情報を共有した組織的な「追い払い」など、日常的に集落や地域ぐるみで取り組まなければならない多くの共同作業が含まれる。しかも農山村の過疎高齢化や職業の多様化などによって、「獣害対策にかかるお金と労力を考えたら、買ってきた方が安い。もうここ（集落）には人がいないから、人がいなければ動物も逃げない」（集落住民、埼玉県秩父市、二〇一二年七月一一日）など、被害対策に対して諦めの感情が先にたち、住民が一丸となって防除対策に取り組むことは実際容易ではない。その結果、捕獲（②）による〝解決〟を望む声が高まってしまうのである。

そこでいま、地域住民を核にしながら、県や市町村だけでなく、大学や研究所、NPO、ボランティア等との連携や支援を取り込んだ、「鳥獣害に強い集落づくり」や獣害対策を活かした「地域づくり」などの協働活動が各地で展開されつつある（日本農業新聞取材班、二〇一四）。例えば獣害対策そのものを地域づくりの〝資源〟とみなし、大学と地域が連携して、学生や都市の人々との交流を含めた協働作業を企画するなど（写真2）ユニークな〝獣害対策〟が実践されているところもある。最近ではICT（情報通信技術）を活用した捕獲技術の開発に加え、意識の共有や意欲の向上を図る工夫や努力も重ねられている。また自然科学と社会科学の統合的アプローチも幅広く展開されるようになり（梶・土屋、二〇一四）、農村計画学や野生動物管理学の「ヒューマン・ディメンション（human dimensions）」という分野では、社会工学的な研究や実践が多様に進展しつつある（九鬼・武山、二〇一四／桜井・江成、二〇一〇）。

写真２

大学と地域が協力し、「つらい獣害対策を楽しみに変える」方法や、獣害対策を地域づくりに活かすアイディアを出し合う（兵庫県篠山市、2014 年 2 月 17 日）

　こうして被害の当事者からは、「獣害対策がまさか地域づくりにつながるとは思わなかった」（集落住民、兵庫県篠山市、二〇一四年二月二〇日）、「〝やつら〟（害獣）が出てきたことで、（農村に）共同体ができてくる。それで市（の関係者）や研究者が集まる……獣害対策は農村のあり方のターニング・ポイントだ」（獣害対策協議会委員、三重県津市、二〇一三年五月二三日）といった声が上がるように、鳥獣害はたんなる否定的事実ではなく、〝変革の主体〟を生み出す肯定的契機を内包していると言えるだろう。さらに、被害対策は「生存」「生活」における物質的問題の解決に目的づけられながらも、「よき生」に関わる社会的諸関係の構築に寄与していることも窺える。

　なお、「鳥獣害に強い集落づくり」や「地域づくり」に不可欠な外部との連携は、社会学者の井上真が「ローカル・コモンズ」論の中で提起した、森林資源の利用や管理における「協治（collaborative governance）」の概念に通じている（井上、二〇〇四）。「協治」とは「地域住民が中心になりつつも、外部の人々と議論して合意を得た上で協働（コラボレーション）して森を管理する」仕組み（井上、二〇〇四、一三九）として、「開かれた地元主義（open-minded localism）」に基づく外部者（政府、自治体、企業、市民、NGO・NPO等）との協働システムであり、「かかわり主義（principle of involvement/commitment）」を規範とする「地理的スケールをこえた地域主義」を意図した概念である。

すると「鳥獣害に強い集落づくり」や「地域づくり」もまた、地域共同体（「共」）と外部との協働（「協」）による〝野生動物被害管理版ローカル・コモンズ〟として、公共性を有する新たな〈共〉（community-citizen）領域として発展してゆくように思われる。ただし、「協治」が基本的に自然の資源的・経済的価値を前提としているのに対し、「共」と「協」の合力としての〝野生動物被害管理版ローカル・コモンズ〟は、資源的価値のみに回収されえない自然との倫理・道徳的関係の展開磁場となりうるのではないだろうか。

2 「資源」から活かしあう〈いのち〉へ――〈人間―自然〉関係のコミュニケーション的転回

「鳥獣害に強い集落づくり」を実行してゆくためには、まず「集落を一つの農地として認識する」といった住民による共同の意識が必要となる。そこでは農家と非農家の別（職業の違い）や、営農の形態・目的（専業、兼業、自家消費用）の別、性別や移住者か否かなど、「個」の違いをのりこえて、被害対策の価値や目的が共有化されていなければならない。この「のりこえて」ということわりは、個人主義批判による共同体の復権を掲げることではないという意味であり、現代の「集落づくり」はむしろ、共同体の没個性的性格や排他性と、近代的個人が孕む「無関心」をともに乗り越えなければ解決できない取り組みとしてあるだろう。むろん「個」と「共同」の問題は、「リベラリズム―コミュニタリアリズム論争」にも代表される人文社会科学の最大のテーマであるが、今日のコミュニタリアリズムの関心も市民性を支える中間的な共同体のあり方に向けられており（サンデル、二〇〇九）、自由と平等にそいつつ民主主義を原理とする共同体をいかに組織するかは、営農組合など経済的協同の基盤にも関わる重要なテーマでもある（山田、一九九九）。すでにマルクスも、私有財産の完全廃止は「粗野な共産主義」であると退けたように、自立した個人を前提とする自由な連合としての協同（アソシエーション）を共産社会の基軸として考えていた。それは「自由な社会的諸個人の共同体」という、いわば近代的個人と共同体の意義をともに継承した共同体論で、とりわけ「物象化（Verdinglichung）」された人格を人間のもとに取り戻してゆくという意味を持っていた。

ただしマルクスのアソシエーション論の重要な特徴は、〈人間―自然〉関係の物質代謝や〝交通〟を基盤にした社会関係論であることからして、例えば農業基本法（一九六一年）で促進された農工間の格差是正と「自立」的な産業路線の近代的農業は、人格関係の物象化のみならず〈人間―自然〉関係の物象化や疎外過程でもあったことを見落としてはならないであろう。マルクス以後、こうした近代の〈人間―自然〉関係を「啓蒙的理性」の問題として展開したアドルノやホルクハイマーは、目的合理性（科学的合理性や経済的合理性）を信奉する自然支配の道具と化した理性（道具的理性）の自己批判によって、自然との新しい関係としての「宥和（ミメーシス）」を説いたのである。

すると先のローカル・コモンズ論における「協治」は、自然資源の利用関係としての社会関係をテーマとしているもので、相互扶助の仕組みを支える資源としての森林という意味以上の何かは考察の対象ではないことがわかる。また「コモンズの悲劇」（ハーディン）を批判的に展開してきた経済学系のコモンズ論も、〈人間―自然〉関係の「非所有」や「非貨幣」の領域を照射したという積極面はありながら（多辺田、一九九〇）、対自然関係の経済的合理主義や道具主義からの解放を基調としており、自然を「コミュニケーション」や「共感」の対象とみる関係性の構築的側面が十分に定位されているとは言い難い。そもそもコモンズ論が資源利用や所有に関する議論であることからして当然ではあるが、〈人間―自然〉関係に経済的合理性や科学的合理性の基準をあてがうだけでは、関係性の多様を十分に捉えることはできないであろう。まさにハーバーマスが、道具的理性のアポリアを克服するためにそれとは類型的に区別されうるコミュニケーション的理性のモデルを提示したことに即していえば、自然は「資源」（資本）や「素材」という道具的手段であるばかりでなく、人間がコミュニケーションの対象として関わる「他者」としてもありうるのではないか。

例えば「北限のサル」の生息地として知られる青森県下北半島の脇野沢村では、「土地のもんで困っているのを放っておけない」という動機から、ニホンザルの保護や被害対策が展開されてきたという（丸山、二〇〇六）。この「土地のもん」としてのサルは、利用の「資源」や自然科学的な意味での「ニホンザル（*Macaca fuscata*）」でもなく、また「権利の主体」や「土地倫理（land ethics）」（レオポルド）における生態学的共同体の一員と見ることも適切ではないだろう。サルは人間と同じ場（土地）に生きる共同的存在だが、同時に人間と区別された異質な「他者」であり、こうしたサルとの関係性が人々を結びつけているのである。

さて、残念ながらハーバーマスのコミュニケーション論には〈人間―自然〉関係の視点が欠如していると言わざるをえないが、ハーバーマスを批判的に継承したフランクフルト学派のエーダーは、人間相互のコミュニケーションを可能にする「自然のシンボル」の機能について、文化人類学（構造主義）の成果から着目している（エーダー、一九九二）。エーダーは、自然を道具と見なすこと自体をあらためないエコロジーを、〝浅いエコロジー〟として批判したノルウェーの環境哲学者ネスと同様の立場にあり、自然は人間の自己確証にかかわる存在として、社会的に意味づけられていることを強調した。つまるところ自然とは、人間が社会をつくる行為に不可欠な（シンボル的）「他者」としても機能し、コミュニケーションの対象として、〝活かしあう〟関係で結ばれている〈いのち〉なのである。

3 〈いのち〉の活かしあい――人間と自然のあいだ

1 〝動物を殺さなくてもよい〟対策――ニホンザルへの「集落ぐるみの追い払い対策」

かつてニホンザルによる被害が深刻であった三重県伊賀市のS集落は、集落ぐるみで取り組むニホンザルへの組織的な追い払い対策（「集落ぐるみの追い払い対策」）等に取り組み、サルを本来の棲み場へ定着させ、大幅な被害軽減に成功した集落である（写真3）。S集落はそれまで、サルが侵入しても個々の農家が自分の農地だけを対象に追い払いをして、他の住民はそれを助けずに傍観しているという状況だったという。「追い払い」はサルの嫌悪学習の効果によって軋轢を解消するための行動様式であるが

写真３

「みな、ここが好きやからな」と集落ぐるみで取り組むニホンザルへの追い払い対策の様子（三重県伊賀市、2014 年 7 月 17 日）

（山端、二〇一三、七八）、こうした追い払い行動のばらつきや無関心による不徹底は、サルが「追い払い」に嫌悪を感じなくなり、追い払い自体に慣れさせてしまうという逆効果の対策に転じてしまう。サルの侵入を防ぐには共同して追い払いに取り組む必要があるが、そのためにはまず、「被害防止」や「野生動物との共存」に努力する意義や価値が住民の間で共有されていなければならないのである。

さてこの点でS集落に関して興味深いのは、「集落ぐるみの追い払い対策」に積極的に取り組んだ動機について、「動物を殺さなくてもよい方法ならやってみようじゃないか」という意見があったことや、「（動物を）殺すことが大切だと思っているうちは、被害対策は進まない……動物を殺さなくてもよい方法、それを実現させたのが「S集落」の追い払いだ」と自らの対策を意義づけていることにある（S集落住民、三重県伊賀市、二〇一三年九月一〇日）。

この「殺さなくてもよい」というのは、被害対策一般に動物の駆除が不要であるとか、動物の生命を至高の価値とみなす字義通りの意味として語られたものではないだろう。結論を先取りすれば、それは「追い払い」を〝殺さなくてもよい方法〟として意義づけている共有化された価値、あるいは「追い払い」を手段として実現可能な、活動の目的となる「善なるもの」（共通善：common good）があることを示している。つまり住民にとっての追い払い対策は、「殺さないこと」自体を実現する手段ではなく、殺害（生死の問題）にかかわる別の価値や善を実現する手段なのである。この善の内実を言語化するのは（ヴィトゲンシュタインのいうように）本来的に困難であろうが、私はそれを人間と動物の「〈いのち〉の活かしあい」という相互関係にかんする善であると考える（「生存」のみを至高の価値と見なす〝生かしあい〟ではない）。

ところで「共通善」とは、アリストテレスの政治学・倫理学に由来する概念で、共同体（ポリス）の人々が「善《よ》く生きること」（善《よ》き生）を実現するさいの目的になる、「共有化された価値」のことである。そこでの共同体の活動は、「目的因」としての共通善の実現をめざすものと考えられている。しかし現代のS集落の獣害対策が古代ポリスの活動と基本的に異なるのは、〝動物を殺さなくてもよい対策〟としての追い払い対策が、もっぱら共同体にとっての共通善（よき生）を実現する活動であったのではなく、近代的個人が持つとされる（形式的）「自由」を、内容ある行為へと導く活動でもあったことにあるだろう。自我に由来する近代的個人の自由とは、共同的な価値の解体上に誰もが各々の〈よき生〉を実現できる形式的自由であり、自由のもとに何を実現するかは個人にまかされている。つまり自由の内実は自己の価値に依存しており、自己以外のことについては無関心を呼び込みやすく、それが鳥獣被害対策を含むコミュニティの活動を難しくしている本源的要因でもある。しかしS集落の追い払い対策は、「共通善」（〈いのち〉の活かしあい）の実現手段として、かつ個人の「よき生」に内実を与える活動として、〈いのち〉の共同性と個別性という矛盾を止揚してゆく取り組みとしてあったのではないだろうか。

そこでより重要なことは、「追い払い対策」は人々の「よき生」を実現する活動としてありながら、何よりもまず「生存」「生活」の身体的・物質的価値を守る手段として、〈いのち〉を十全に組成する共同の技術であったということにつきる。その〈いのち〉の十全性が、「個と共同」の止揚の内実であると考えるからである。ひいていえば、十全な〈いのち〉を担保する鳥獣被害対策は、個と共同の〈完成された人間主義〉への一契機となり、それは野生動物保護管理を通じた〈完成された自然保護〉を統一する実践となるであろう。

2 〈いのち〉を活かしあう場——今西錦司の「棲みわけ」論から

「サルもシカも昔から日本にいる……それを全部殺して日本の自然は守れない。山里《やまざと》で、生きてゆけるだけのサルがおってくれ……サルはサル、人間は人間で、それぞれが生きられる場所で生きておってくれ。これが獣害対策の哲学だ」（S集落住民、三重県伊賀市、二〇一三年九月一〇日）。

鳥獣被害対策の目標や理念として広く用いられている「棲《す》みわけ」という語は、生物同士が互いの棲み場をおかすことなく生活する様子を示したもので、今西錦司が提唱した生物社会学の概念として知られている。さてS集落で獣害対策に従事したこの住民の〝哲学〟には、その「棲みわけ」の本質が願いとともに語られているように感じられる。彼にとって獣害対策とは、人間と野生動物がそれぞれ主体的に生きてゆける場で、どうか生きていてほしい（生きていたい）という思いからなる「〈いのち〉の活かしあい」としてあるだろう。〈いのち〉を「活かしあう」こととは、ただ〝仲よく〟共存することでもなければ、殺害を禁じるだけの〝生かし合い〟でもない。それは、環境を主体的に生きる野生動物が自ら発展（進化）する力を損なうことのないような、人間による主体的なはたらきかけを意味する。つまり人間が一方的に主体性を発揮する排除や制御ではなく、生物の生活を尊重する意識と結びついた相互主体的な関係性である。

例えば農林水産業のように自然物を相手にする職業では、木の声を「きく・こたえる」、鯨に「かつ・まける」、「まつ・よぶ」「てつだう・まかせる」といった（擬人的な）言葉が技術用語として多く使われている。これらは近代合理性が依拠する〈主体／客体〉関係やその否定である「主客未分」でもない、相互の「かけがえのなさ」を確認することのできる〈主体―主体〉関係の認識のあらわれと言えるだろう。また獣害対策でも〝獣《けもの》目線になる〟ことが有効などと言われるように、動物を（支配や操作の対象と見なすことにつながる）客体としてではなく、自己目的的な「認識の主体」として捉える方法が自然と用いられていることがわかる。

さて、この〈主体―主体〉関係を理解する手掛りこそ、「棲みわけ」を提唱し、また日本の霊長類学の礎を築いた今西錦司の「類推」の認識論に求めることができる。「類推」とは、生物がすべて「類縁関係」で結ばれているとした上で、類縁という存在論的根拠に基づいた認識のあり方をいう（今西、一九七二）。とくに今西がニホンザル社会の研究に用いた個体識別法は、対象（ニホンザル）を観察者（人間）と同じ類縁の「主体」として認識するもので、〈主体―主体〉認識の科学的有効性を示した画期的な方法であったと言えるだろう。彼は近代科学が前提にする客体化（主客二元論）を、生物の「擬物化」や「無生物化」として批判し（今西、一九七二、二三）、客体化を前提にしない節度ある「擬人化」のほうが、より深い対象の理解を可能にするものと考えていた。今西は、近代科学の認識論の合理性や有効性を一面でみとめつつも、科学的認識が常に〈主体／客体〉を前提しなければならないという考えは棄却したのであった。つまるところ、野生鳥獣との「棲みわけ」の実現とは〈主体―主体〉関係として「活かしあう関係」の実現であり、それはデカルト的二元論を克服しうる主体性を、人間的「自由」のもとに再構築する重要な試みであると言えるだろう。

ところでこうした〈主体―主体〉関係の探究は、社会を作る行為に不可欠な「他者」に関する課題として、人文社会科学においても重要な関心事であり続けてきた。

例えば政治哲学者のアーレントは、カントの人間観とアリストテレスの「プラクシス」の意義をともに引き継ぎ、互いの存在を認め合うコミュニケーション的な「活動（action）」こそが高位の「人間の条件」であると論じている（アーレント、一九九四）。彼女は、ウェーバーの『プロテスタンティズムの倫理と資本主義の精神』に示された近代人のように世界に根拠を持たない自己は、容易にナチズムやスターリン主義などの全体主義に吸い上げられるとして、互いを尊重しあい、活かしあう「活動《アクション》」の意義を強調したのである。

また、アーレントの「活動」概念に影響をうけたハーバーマスも、ウェーバーの問題意識を通じて相互主体性を正面から捉える社会理論を展開したことで知られる。彼の「システムによる生活世界の内的植民地化」のテーゼと、資本の論理（システム）に民主的な統制を加えることができるというコミュニケーション論は、今日の「限界集落」問題など「生活世界」の保全のあり方に関する主要な議論を提供しているだろう（ハーバーマス、一九八五／一九八六／一九八七）。

以上のアーレントとハーバーマスに共通しているのは、近代的自我のアポリアを克服しうる〈主体―

主体〉関係を射程とした人間観であることは言うまでもない。ただし、両者ともマルクスを生産力主義的として「労働」を批判的に捉え、いわば人間の〈いのち〉から「生存」「生活」を捨象し、身体性を欠いた言語的コミュニケーション偏重型の「よき生」の実現を理想にしていると言える。とくにハーバーマスは、労働を成果志向的行為としてシステム（工業労働）へ振り分けたが、しかし農林水産業という労働は本来的に「生活世界」に根ざしており、自然とのコミュニケーション的関係や人格性を培うものでもあろう（尾関、二〇〇二）。そして奴隷制を前提とするポリスの政治空間を理想としたアーレントも、「生存」や「生活」上の物質的問題を解決する場よりも、互いの存在を活かしあうために集う「精神が生きる場所」（佐藤、二〇〇三）を強調するねらいがあった。

しかし、他者と存在を認め合い、活かしあう場所は「身体が生きる場所」でもあるはずである。その点で今西錦司の「棲みわけ」は、生物が環境を「生活の場」として獲得しようとする身体的活動を基礎に持つ概念であることにおいて重要なのである。「棲みわけ」は「生物が環境に対して働きかけた主体的行動の当然の帰結」（今西、一九七二、八四）として定義されているように、厳密には「棲み（すみ）」と「わけ」の二局面から成り立っていると考えられる。つまり「棲みわけ」にとって「棲む（すむ）」こととは、生物が「環境をみずからの支配下におこうと努力」する生物の主体的活動であり、生活の場に「棲む」ことこそが、生物同士の「わけ」——すなわち生物相互の活かしあう関係性の条件なのである。ところで京都学派の創始者である西田幾多郎も、「自己は自己自身の底を通して他となるのである。何となれば自己自身の存在の底に他があり、私と汝は絶対に他なるものである。……しかし私は汝を認めることによって私であり、汝は私を認めることによって汝である」（西田、一九七八、三〇六～三〇七）

図1　三つの〈生〉の位相から成る〈いのち〉と、〈いのち〉を活かし合う鳥獣被害対策

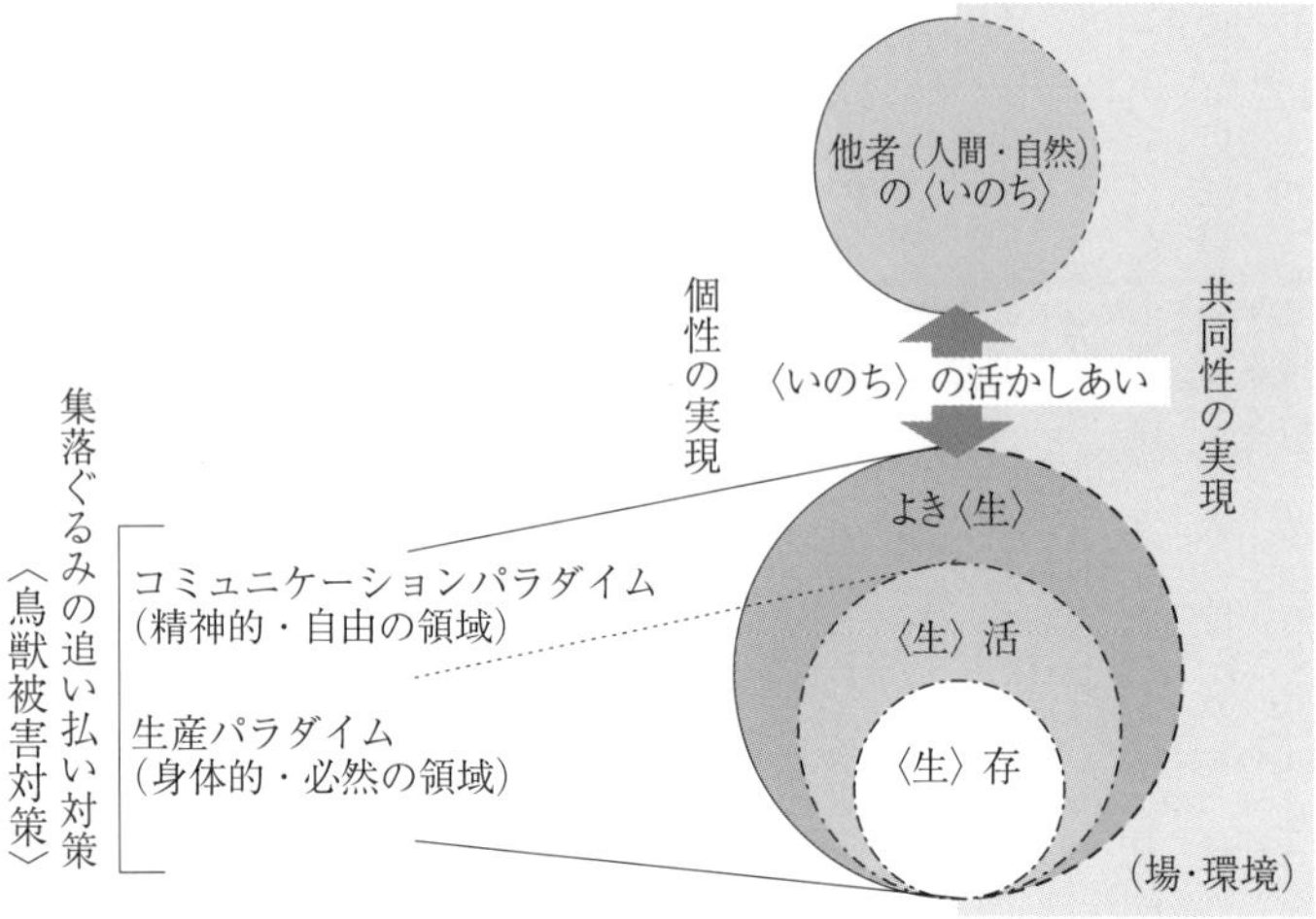

として、「私と汝」が認め合う根底性としての「場所」について論じている（第9章参照）。この「私と汝」の場所は、今西にとっていわば「生存」「生活」（身体的・必然の領域）を通じて棲む場であり、「棲む」ということは、他者が息づく環境（世界）に自身が根ざすということである（したがって〝消費生活〟は「棲む生活」ではない）。つまり「場」（環境）との根拠関係が、私と汝、人間と野生動物、「土地のもん」としてのサルと人間を、互いに活かしあう〈いのち〉としてつないでいるのである。

ただし、今西の「棲みわけ」論はあくまでも「生物の世界」に限定されているため、人間独自の政治的・言語的コミュニケーションによる〝活かしあい〟を強調した、アーレントやハーバーマスの議論と相互補完的に捉えてゆくことが有効であろう。人間の〈いのち〉は「生存」「生活」の身体的・必然の領域から、精神的・自由の領域にわたる「よき生」の全体として完成し、「共」に根ざすとともに

「個」として自己を実現する主体的存在だからである（図1）。

ところで私はある時、S集落の人々に「集落ぐるみ」で獣害対策に取り組むことができた理由について尋ねてみた。S集落の追い払い対策は、追い払い効果の実証研究とともに優良事例として表彰され、すでに全国から注目を浴びるようになっていた。そのため私は何か特別な答えを期待したが、「みなここが好きやからな」という、一人の男性の答えだけがぽつりと返ってきた。そこに特別な〝理由〟はなかった。ただ、他者とともに生き、自身の根拠である「ここ」があるという事実だけで十分だと、教えられたように感じた（三重県伊賀市、二〇一四年七月一七日）。

なお、念のため最後につけ加えると、人間と野生動物との〈主体―主体〉関係は、場合によっては人間中心主義や抑圧の隠蔽につながる可能性もあり、そのため〈主体／客体〉による対象化（自然科学）はつねに妥当性の基準の一つであるべきと考える。ただしここで強調したいのは、近代社会が重視してきた「主体」や「主体性」が、人間をその「根拠」から切り離す人間疎外的な主体性であり、野生動物との「境界」（棲みわけ）を損なってきたという現実の根深さである。

4 〈いのち〉にむくいる――生と死のあいだ

1 死者という他者――鳥獣の捕殺と「死」の疎外

最近の「鳥獣保護法」の改正（二〇一四年）(3)や狩猟税の撤廃方針等に象徴されるように、鳥獣の捕獲対策は土砂災害や人身被害にも関与する今日社会の喫緊の課題である。鳥獣捕獲の必要性は、自然環境の改変に対する人間の総体的な責任であるとともに、人間の〈いのち〉が生物的・身体的基礎を有し、生きるために他者の〈いのち〉に「犠牲」を強いる存在であることから逃れられない必然性のあらわれでもある。ただし〈いのち〉が他者の「死」のないところに存立しえないという事実は、道徳的意識や「供養」などの文化を、つまり人間の〝人間らしさ〟を発達させる力にもなってきたと言える。

ところが近代社会では、供養などの鎮魂儀礼が自然破壊や殺害の「免罪符」として機能したという指摘もあるように（中村、二〇〇二）、鳥獣被害防止のために毎年何十万頭もの野生動物を捕殺し、また大多数の人々がそれらの「死」からも遠ざけられている今日に、「命をいただく」「死にむくいる」などと言うのは、もはや犠牲者への負い目からくる欺瞞にすぎないのだろうか。一方で近代哲学は、「自我」や「人格」(person) の尊重を掲げ、他者の〝やむをえない犠牲〟が隠蔽する抑圧や支配を暴き、「動物の権利 (animal rights)」や「動物の福祉 (animal welfare)」、自然の「内在的価値 (intrinsic value)」などの倫理的概念を定礎してきた。また近代科学は必ずしも自然支配と結びついてきただけではなく、生態学 (ecology) を発展させ、自然や動物に対する責任や配慮を自覚化させてきたという積極面を持つ。

むろん近代哲学のこうした倫理学的成果は大いに認めるべきである。しかし、例えば人格の尊重という原理は、「危害倫理 (harm principle)」を通じて有害鳥獣の「殺害の正当性」を根拠づけるが、それは鳥獣の捕殺作業に「正当性」以上の意味を与える倫理となりうるのだろうか。また鳥獣捕獲の現場では、「生命の尊重」という道徳的配慮のもと、動物になるべく恐怖や苦痛を与えない「人道的」な捕殺が奨励されている。その人道性自体に道徳的意義は認められるとしても、それは他者の「死」に際して「恐怖や苦痛を与えることなく殺害する」という合理的殺害以上の意味を持ちうる人道性たりうるだろうか。

つまり、鳥獣の捕殺が人間にとって何か意味ある「行為」としてではなく、（科学的合理性の基準を含む）正当性や適切性のみが貫徹された「作業」でしかないならば、「鳥獣捕獲」は貧しい観念の〝生かしあい〟を促す社会的事業にとどまることになるであろう。これは「善」に対する「正義」の優位を説いたロールズの人間観を、「負荷なき自我（the unencumbered self）」（＝貧しい人間観）として批判したサンデル（二〇〇九）の議論に通底している。つまり個人の権利や平等の徹底は、避けられない犠牲状況という負荷からも目をそらす自我を前提にせざるをえないのである。ただし、共同体主義はホロコーストさえ容認しうる〝悪しき全体主義〟の影も連れており、そのため野生動物の（科学的根拠に基づいた個体数管理も含む）適切で正当な捕殺作業は、今後も追求されるべき生命尊重のあり方であることに何ら批判はない。しかし、他者としての野生動物の〈いのち〉が根底的に人間と「活かしあう」関係で結ばれているのならば、犠牲者の「死」は人間の〈生〉の中でむくいるべき何かとしてありうるのであり、「適切な作業」は同時に「意味ある行為」としてもあるはずなのである。例えば先の「集落ぐるみの追い払い対策」（〝動物を殺さなくてもよい対策〟）は、それ自体は被害軽減に効果的な「技術」や「作業」であっても、それを実行する人々にとって意味や価値のある「行為」としてあるからこそ「〔S集落〕の追い払い」として完成し、主体的努力が重ねられているのではないか。また実際に、鳥獣の捕殺に直接携わる人々にとって、捕獲対策は誰よりも〈いのち〉にむくいる行為としてあるだろう。

かくして人間の〈いのち〉とは、生死のサイクルの中で、実質的にも社会的にも他者の「死」をふくみもった〈いのち〉として生きており、ふくみもって生きることのできない社会に鳥獣害を克服する力は真に生じえない。なぜなら鳥獣被害問題は〈いのち〉の疎外問題だからであり、克服すべきは生と死の亀裂状況であり、死者とともに「だれ」として生きるべきかの意味を持たない「死」は、ただ〈生〉を否定するものでしかない「疎外された死」でしかないであろう。

さてヴァイツゼッカーの翻訳者でもある精神病理学者の木村敏は、根源的生命（ゾーエー）と個別的生命（ビオス）の関係をもとに、生命にとっての「死」の意義について論じている（木村、二〇〇五）。木村の議論を私なりにまとめれば、「死」とは〈いのち〉や〈生〉を否定するものではなく、〈いのち〉を根源的生命から差異化し、それを唯一無二の個別的存在として完成させるものである。さらにハイデッガーが「存在者」（あるもの）と「存在」（あること）を分けたように、「死」は〈いのち〉に物理的時間を生きる「事物（things）」としてリアリティの形式を与えると同時に、私的な時間の広がりを持つ「出来事（events）」として生起させていると言う。

加えて哲学者の野家啓一の議論を参照すると、人間の歴史的物語や伝承、神話などの「物語る行為」は、「知覚的経験を解釈学的経験へ変容する」（野家、二〇〇五、一八）操作を基盤とした世界構築の方法で、出来事の因果関係を一定のコンテキストの中に配置する人間独自の理解の形式であると言う（科学的説明は「事物」から世界を構築する物語的説明の特殊ケースである）。つまり社会的行為の意味や判断、自己のアイデンティティは「物語り（narrative）」に依存するというもので、「死」が生物的必然を超越して人間的行為の意味となりうるのは、死者が人間の「物語り」の中でいきてはたらくからである。したがって死者は死体というモノではなく、「出来事」として完成された他者として、出来事として今を生きている私たちの「物語り」のコンテキストへふくみ入れられ、活かされる〈いのち〉なのである。

人間は死者を〝生かす〟ことはできなくとも死者を「活かす」ことはできるのであり、合理的・科学的な検討の対象となりえない「他者としての死者」への深い洞察は、生者にとっての生の哲学へ至る重要な道筋となる（末木、二〇一〇）。鳥獣の人道的捕殺や「科学的根拠」がいかに重要なものであるかは、捕殺が他者の死を引き受ける行為であるという深い認識の上にこそ理解されえるものであろう。そしてスーパーマーケットで購入した動物の「切り身」を残飯につみながら「生命尊重」のあり様を探している現代社会において、鳥獣被害対策は〈いのち〉や「死」を日常のコンテキストに組み入れ、「権利」概念の普遍化とは別の、物語り的な倫理の構築を担う意義ある社会的実践であると考える。実際、鳥獣被害対策は野生鳥獣の「捕獲」ばかりでなく、資源としての利活用と地域経済、食文化、教育、倫理なども関与する「総合対策」としてあり、私たちが考え、取り組むべき多くのことを含んでいるのである。食べて生きてゆくことは、他者の〈いのち〉にむくいて、活かし生きることでもあるのではないか。

2 〈いのち〉の共生へ――さらば苦しみの〈生〉

鳥獣被害問題は成長主義国家の〝足かせ〟問題ではなく、新たな人間観を要請する「疎外」問題として、近代哲学のアポリアの克服という課題を奥底にかかえている深大な問題である。いま、人間の〈いのち〉を身体的・必然的領域と、人間の独自性を特徴づける精神的・自由領域の二側面に分けるならば、近代哲学とはこれらに「身体」と「精神（理性）」、「自然」と「人間」に分断する二元論的認識を基礎づけてきた。そして人間の〈いのち〉が自由を有する個別主体的な存在であるという発見は、「モノ」や「貨幣」など多くの人間的価値を創出させる成功も導いてきた。

しかし、他者との関係をはぎとられた人間の〈いのち〉には、必然的に「苦しみの《生》」という人間自身に離反した〈いのち〉がともなってあらわれる。〈いのち〉が自然との物質代謝過程から切り離されると、環境問題として自然にも〝苦しみ〟を与え、はては「鳥獣被害問題」となって、人間と自然はむきだしの対立を深めるようになる。つまり人間と自然の対立や軋轢は、もとをたどれば人間の〈いのち〉を〈身体と精神〉に、あるいは〈必然と自由〉、〈客体と主体〉、〈共同性と個別性〉などに二分する見方に由来しており、「人間と野生動物との共生」や「人間と人間の共生」がどれほど繰り返されようと、それはまず二つに引き裂かれた人間の〈いのち〉それ自体の共生（十全性）という課題としてあるのだ。

「共生」とは十全な〈いのち〉の〈生〉のありようであり、また他者をふくみもつ人間の〈いのち〉を基礎におく社会の理念であると考える。それは決して、（結果的に人間支配を孕む）人間中心主義にはなりえず、また人間に〝動物的〟に生きることを奨励する〝人間と自然の統一〟によっても成し遂げられることはない。まさにカントが『判断力批判』によって近代的二元論を克服する視座を与えたように、「共生」とは実現すべき何かではなく、〈いのち〉がすべて他者に根拠づけられた自己目的的な主体であり、活かしあう関係にあるという認識や理解を重視することなのであると考える。

鳥獣被害問題は、社会と自然の持続可能性に深く関与しており、人間のありうべき〈いのち〉を問いかける人間学的課題を含んでいる。たとえそれが、日常生活や現代社会の数ある問題や課題の一つにすぎないとしても、近代世界の支配や抑圧、不平等、戦争やテロリズムによる破壊や喪失のうちに希求され続けてきた、平和と〈いのち〉の共生を実現する取り組みの一つであるということに、何らあやまりはない。鳥獣被害対策に関するいかなる事業計画や普及啓発活動にも、こうした社会的動機こそ必要とするであろう。それがどれほど細やかな活動であっても、被害の苦しみや憎しみ、個人の力もおよばぬ矛盾や対立でさえ、互いに認め合い、努力と工夫で共に乗り越えようとする人々の活動には、国際社会や地球規模の破壊と対立に訴えかけられるだけの真実がいきている。

鳥獣被害対策は、疎外された〈いのち〉を取り戻し、〈いのち〉を活かしあう社会へ向かう、有力な梃子なのである。

●注

1 アーレントは「なに」「だれ」の問いの区別から、「だれ」(「正体」)を問うことのできる「活動(action)」を強調しているが、しかし、「なに」を問う自然科学もまた人間理解に不可欠な人間的営為であると考える。

2 平成一一年に創設された特定鳥獣保護管理計画制度では、都道府県の定める特定鳥獣(主にシカ、イノシシ、サル、クマなどの獣類)について、科学的で計画的な個体数管理を行うことを定めている。なお鳥獣の捕獲には、「狩猟」、「有害鳥獣駆除」、「特定鳥獣保護管理計画制度」に基づく個体数調整がある。

3 近年の鳥獣被害問題の深刻化をうけて、「鳥獣保護法(鳥獣保護及狩猟ニ関スル法律)」が「鳥獣の保護及び管理並びに狩猟の適正化に関する法律」として、保護と被害管理の二本立ての内容に改正された。

●引用・参考文献

アーレント、H(一九九四)『人間の条件』志水速雄訳、ちくま学芸文庫(Arendt, H.〈1958〉*The Human Condition*, The University of Chicago Press.)。

井上真(二〇〇四)『コモンズの思想を求めて――カリマンタンの森で考える』岩波書店。

今西錦司（一九七二）『生物の世界』講談社。

エーダー、K（一九九二）『自然の社会化——エコロジー的理性批判』寿福真美訳、法政大学出版局（Eder, K.〈1988〉*Die Vergesellschaftung der Natur*, Suhrkamp.）。

大野晃（二〇〇八）『限界集落と地域再生』河北新報出版センター。

尾関周二（二〇〇二）『言語的コミュニケーションと労働の弁証法——現代社会と人間の理解のために』大月書店。

梶光一・土屋俊幸（二〇一四）『野生動物管理システム』東京大学出版会。

亀山純生（二〇一〇）「〈農〉的共同態の現代的意義と、近代的共同（体）論の問題性——現代の〝人間の危機〟克服の視点から」『環境思想教育研究』第四号。

韓立新（二〇〇一）『エコロジーとマルクス——自然主義と人間主義の統一』時潮社。

木村敏（二〇〇五）『関係としての自己』みすず書房。

九鬼康彰・武山絵美（二〇一四）『農村計画学のフロンティア3　獣害対策の計画・計画手法——人と野生動物の共生を目指して』農林統計出版。

桜井良・江成広斗（二〇一〇）「ヒューマン・ディメンションとは何か——野生動物管理における社会科学的アプローチの芽生えとその発展について」『ワイルドライフ・フォーラム』14（3・4合併号）、野生生物保護学会。

佐藤和夫（二〇〇三）「世界疎外と精神の生きる場——活動とは何か」『アーレントとマルクス』吉田傑俊他編、大月書店。

サンデル、M（二〇〇九）『リベラリズムと正義の限界』菊池理夫訳、勁草書房（Sandel,M.〈1984〉*Morality and the Liberal Ideal : Must Individual Rights Betray the Common Good?*, The New Republic.）。

末木文美士（二〇一〇）『近代日本の思想・再考Ⅲ　他者・死者たちの近代』トランスビュー。

多辺田政弘（一九九〇）『コモンズの経済学』学陽書房。

内閣府経済社会総合研究所（二〇〇五）『コミュニティ機能再生とソーシャル・キャピタルに関する研究調査報告書』。

中村生雄（二〇〇一）『祭祀と供犠――日本人の自然観・動物観』法蔵館。

西田幾多郎［一九三二］（一九七八）『西田幾多郎哲学論集Ⅰ』「「場所・私と汝」他六篇」上田閑照編、岩波文庫。

日本農業新聞取材班（二〇一四）『鳥獣害ゼロへ！――集落は私たちが守るッ』こぶし書房。

野家啓一（二〇〇五）『物語の哲学』岩波書店。

ハーバーマス、J（一九八五）『コミュニケイション的行為の理論（上）』河上倫逸訳、未来社／（一九八六）『コミュニケイション的行為の理論（中）』藤沢賢一郎訳、未来社／（一九八七）『コミュニケイション的行為の理論（下）』丸山高司訳、未来社（Habermas, J.〈1981a〉*Theorie des kommunikativen Handelns* (1), Suhrkamp.；(1981b) *Theorie des kommunikativen Handelns* (2), Suhrkamp.）。

マルクス、K（一九六四）『経済学・哲学草稿』城塚登・田中吉六訳、岩波文庫（Marx,K.［1844］〈1982〉*Ökonomisch-philosophische Manuskripte*, Marx/Engels Gesamtausgabe (MEGA) I-2, Dietz Verlag.）。

丸山康司（二〇〇六）『サルと人間の環境問題――ニホンザルをめぐる自然保護と獣害のはざまから』昭和堂。

室山泰之（二〇〇三）『里のサルとつきあうには――野生動物の被害管理』京都大学出版会。

山田定市（一九九九）『農と食の経済と協同――地域づくりと主体形成』日本経済評論社。

山端直人（二〇一三）「効果が出る「集落ぐるみの追い払い」の行動様式と実例について」『最新の動物行動学に基づいた動物による農作物被害の総合対策』江口祐輔監修、誠文堂新光社。

ヴァイツゼッカー、V（一九七五）『ゲシュタルトクライス――知覚と運動の人間学』木村敏・濱中淑彦訳、みすず書房（Weizsäcker,V.v.［1947］〈1997〉*Der Gestaltkreis. Theorie der Einheit von Wahrnehmen und Bewegen*, Gesammelte Schriften4, Suhrkamp.）。

第9章■福井朗子

環境哲学と「場」の思想

はじめに

3・11の東日本大震災の原発事故をきっかけに科学技術に対する意識の変化が見られ、科学技術に関する議論が散見されるようになった。これまでも遺伝子操作技術やクローン技術の開発、科学兵器に関する情報によって、人々は科学技術の際限のない発展に対し不安を募らせ、それに伴い科学技術のあり方をめぐる議論が行われてきた。このような議論が、今回の原発事故を機に再燃しているように思われる。科学技術は、確かに私たちに多くの利便性をもたらし、日々の生活はその恩恵なしには成り立たないものとなっている。しかし、本来、私たちに幸福をもたらすはずの科学技術が、今回の大震災においてコントロール不能となり、甚大な被害を生じさせ、人々を恐怖と不安に陥れることになった。科学技術に対する不信感が高まる中で、いま改めて「何のため」の科学技術なのかということが問われている。

中村桂子は、科学者の立場から東日本大震災を通して明らかとなった科学技術の問題点を「科学技術が自然と向き合っていない」(1)ことだと指摘している。「想定外」という言葉が、このことを象徴的に表しているという。これは、当時、科学者たちが何度も繰り返していた言葉である。中村は、この「想定外」の背後には、「人間がすべてを制御する」という科学技術や工学の発想が透けて見えると言う。人間は、自然をそもそも「思いがけないもの」と知っていたはずなのに、机上で数字を用い計算しているうちにいつの間にかすべてをコントロールできるという感覚に陥り、自然に対し傲慢に振る舞うようになった。中村は、そうした態度が今回の「『想定外』の甚大な被害をもたらしたのではないか」と指摘する。そして、多くの人々が科学者たちのこの言葉に違和感や不安を抱き、ひいては科学技術に対する不信感をも強めることになったのではないかと見ている。中村自身、「想定外」という言葉に「イヤな感じ」(2)がしたと素直な心境を吐露している。さらに、この大震災を通し科学や科学者のあり方を問う中で、この現代社会の問題の根源には、現代社会が「科学への盲信」の上に成立し、「自分は生き物である」という「感覚」を忘れ、数値化できない「非科学的」なものを切り捨ててきたことが大きく関係していると指摘している。

中村の問題意識は、エドワード・レルフが指摘する「没場所性」の問題意識と重なるように思われる。レルフは、その著作『場所の現象学』において、近年の環境問題の議論が「客観性、事実、理論といった『科学』のことば」(3)で述べられていることに不満と不安を述べている。その対抗策として、日々の営みという「生きられた世界」、つまりは「場所」や「場所のセンス」という視点からの環境の捉え直しを試みている。しかし、近代化は「没場所性」を伴うため、近代化によって人間存在が「根なし草」

となり、景観や地域の多様性が失われることに強い危機感を示している。なぜならば、「場所」は個人や人間社会の安全性やアイデンティティの源泉となっているからである。このレルフのような「場」や「場所」に関する議論は、西田幾多郎の「場所」論、和辻哲郎の「風土」論などに代表されるように日本でも論じられている。また、この「生きられた世界」から環境の捉え直しは、江渡狄嶺の「場所」論にも通じるように思われる。そこで、本章では、西田幾多郎の「場所」、江渡狄嶺の「場」の思想を取り上げ、人間と自然のあり方について考えてみたい。そして、その関わりの中で、科学技術のあり方についても問うてみたいと思う。環境哲学や環境思想の多くが、日本には西洋とは異なる自然観が存在するにもかかわらず、主に西洋哲学の枠組みの中で論じられてきた。本章では、これまでのそうした蓄積に日本思想を取り入れながら、「場」、「場所」論を現代に生かす道を探ってみたい。

さて、鬼頭秀一や桑子敏夫らが指摘するように、これまでの日本の環境思想や環境倫理はアメリカのそれに大きく影響を受けてきたが、その中で語られる「自然」の概念の多くは、「原生自然」をさしている。「原生自然」とは、手つかずの自然であり、人間の生活とは乖離した自然である。これに対し日本における「自然」とは、人間の手の及ばない自然ではなく、むしろ長い間人間が手を入れてきた田園や里山などのことを示すことが多い。これには「Nature」の訳語として「自然」があてられたことにより、それぞれの概念が微妙に異なっていたことも関係している(4)。しかし、現代では、原生自然的なものも含め「自然」と捉えられている。これまでの環境思想では、人間対自然という二元論的対立の克服が主に主張されてきたが、日本人の自然観はこうした二元論的な捉え方とは若干異なっているため、日本の視点に立った環境哲学の構築が必要となるだろう。

西田幾多郎や江渡狄嶺の「場」の思想には、自己の存在と「場」が相互不可分の関係にあるとの主張が共通して見られる。私は、このような視点が、環境危機が叫ばれる今日において大きな示唆を与えるのではないかとの期待を寄せている。なぜならば、環境問題を解決するために「環境を破壊することは自分を傷つけることになる、だから環境を守ろう」といったスローガンが主張されるが、それらはとても曖昧でわかりにくいため、環境問題はどこか他人事になってしまっているのではないかと感じてきたからだ。しかし、「場」の思想では、「私」は「私」がいる「場（場所）」があって、「私」が存在する、ということが明白に述べられている。「場」がなければ、「私」は存在しないのである。そこで、この「場」の思想が示す自己と環境の相互不可分性を「共生」の実現への一つの手掛りにしたいと考えている。

西田幾多郎は、西洋哲学と東洋哲学の両方を包み込む哲学をめざし、両者の間に横たわる矛盾を包みこむものとして「場所」論を展開した。また、江渡狄嶺は、生きて働く自らの足場を欠いた哲学は哲学ではないと主張し、その足場を「特称拠場」と呼び、そこからすべてを考えようとした。西田の思想は、フッサールの「生活世界」をめぐる思想やメルロ・ポンティの思想にも通じると言われている。メルロ・ポンティが世界を対象的、客観的に捉えるものとしてではなく、「生きられる世界」として捉えようとした姿勢は、「西田哲学は生の現実から遊離したものではけっしてなく、却って現実の生の真相をどこまでも深く究鑿しようとするものである」(5)という西田の姿勢と重なる。また、狄嶺もヘーゲルの言葉を引き、「働く生活というものを考えてゆくということが、われわれの本當の哲學の道であつて」、「自分が生活していることを考えるということが、本當の哲學の課題であると思う」(6)と述べており、西田と狄嶺には哲学に対する共通の姿勢も見られる。この「場」に関わる思想は、これまでも近代科学に支えられた近代的世界観を問い直す文脈の中で展開され、3・11の大震災を機に改めて注目されている。

1 西田幾多郎の「場所」論

「場」の思想と聞いてまず思い出されるのは、西田幾多郎の「場所」論である。西田の「場所」論は、「他者」とは出会う場、共存する場のことである。近代的世界観の構築に影響を与えたデカルトなどは、主観と客観、精神と物体の対立は自明のものとして捉えたが、西田は「純粋経験」という主客未分の意識現象から真の実在を捉えようと試みた。

宮本久雄は、特にデカルト以降の「存在―神―論」の存在論において表象的主体である人間が神の位置に着いたことより、人間が存在を規定し、それに回収されないものは異端として排斥・抹殺する全体主義的な性向を帯びることになったと指摘している。その上で、「こうした問題意識で、仏教哲学、西田哲学の再理解のため参学しなければならないであろう。本邦では、あまりに近世以降の西洋哲学の視点でしか東洋哲学を考察しようとしていない点が惜しまれる」(7)とも述べており、西田の思想はこうした近代哲学の弱点を克服するものとして期待を寄せている。現代においてめざされる社会像のキーワードに、「他者との共生」や「他者理解」などがある。ところが、私たちは声高に他者の尊重の必要性を語りつつも、実際には他者を見ておらず、他者を排斥している恐れがあるのである。なぜならば、私たちは自分に都合のよい「他者」像を投影し、そこから漏れる他者とは出会うことがないからである。つまり、私たちは美しい言葉を用いながら、「他者」を排斥・抹殺する危険性を持っているのである。これは、藤田正勝が、西田の問題意識を「心理は必ず〈ことば〉によって把握される、あるいは〈ことば〉によって把握されるものこそ真理である、という西洋の哲学の前提であった」(8)と指摘することにも通じるのではないだろうか。

西田は、デカルトから始まる近代西洋哲学を「主観主義」、「対象論理」と称した。近代西洋哲学が、主観と客観、自己と世界という二元論的な構図で事物を捉え、世界を自己の外にあるものとして自己を基準に世界を見ようとする考えであるため「主観主義」と位置づけた。また、世界を自己と対峙した対象と考えることから「対象論理」と呼んだのである。しかし、西田は、自己と世界をこの相互対立の構図から捉えるのではなく、それを乗り越えたところから考えようとした。西田のこの試みは、マイケル・ポラニーの「暗黙知」と類似性を持つ。彼も言語で捉えきれない知に注目し、「知識」とは、本来主観的なものであることを指摘している。また、主観と客観の対立を乗り越えようとした考えは西田以外にも見られ、それはフッサールの現象学にも通じる。

西田は、処女作である『善の研究』(一九一一年刊)において、「純粋経験を唯一の実在としてすべてを説明してみたい」と述べている。この「純粋経験」は『善の研究』の基本思想にあたる。西田は、唯一の実在としての「純粋経験」を次のように定義している。

経験するといふのは事実其儘に知るの意である。全く自己の細工を棄てて、事実に従うて知るのである。純粋というのは、普通に経験といつている者もその実は何らかの思想を交えているから、豪も思慮分別を加えない、真に経験其儘の状態をいうのである。たとえば、色を見、音を聞く刹那、未だこれが外物の作用であるとか、我がこれを感じているとかいうような考のないのみならず、この色、この音は何であるという判断すら加わらない前をいうのである。それで純粋経験は直接経験と同一である。自己の意識状態を直下に経験した時、未だ主もなく客もない、知識とその対象とが全く合一している(9)。

直接経験の上においてはただ独立自全の一事実あるのみである、見る主観もなければ見らるる客観もない。恰も我々が美妙なる音楽に心を奪われ、物我相忘れ、天地ただ嚠喨たる一楽声のみなるが如く、この刹那いわゆる真実在が現前している。これを空気の振動であるとか、自分はこれを聴いているとかいう考は、我々がこの実在の真景を離れて反省し思惟するに由って起こってくるので、この時我々は已に真実在を離れているのである(10)。

西田は、この考えに基づいて、デカルトが「われ考える、ゆえにわれ在り」と表したことについて、これは既に純粋経験の事実ではなく「わたしが在る」ということを推理しているのであって、真の実在を捉えたものではないと言う。私たちはモノを見る場合、モノをその通りに見ていると無意識に思っている。しかし、その無意識性が実は、私たちが気づくことなく身につけているある特定の枠組みを具えており、そのフィルターを通して物を見ている可能性が指摘されるのである。西田は、知と愛を同一の精神作用と捉えており、物の真相を知ることは「わたし」が物に一致すること、愛することだとしている。このような西田独自の思想の根底には、「事柄を対象化し、そのかぎりでそれを明らかにしようとするのではなく、事柄全体から、換言すればリアリティそのものから見ようとする態度」(11)があった。

このあらゆる存在を自己の中に包摂することを可能とするのが「場所」である。西田の純粋経験は、「わたし」が「わたし」を忘却することで一切の存在を包むことが可能となるため、その場所を「絶対無の場所」とした。そこには、「他者」を排除するような規定は何もないため、「他者」が表れ出てくるのである。西田は「他者」と出会う「場所」で、自己を「無」として消失させる中で、自己が「他者」である世界やモノとの同一化することが可能だとした。つまり、自己とモノとの区別がなくなり、自己がモノとなり、モノが自己となることで初めて実在を捉えられると考えたのである。

この考えは、ディープエコロジーの提唱者であるA・ネスの「自己実現」の概念に近いものがある。ネスは、それまでの人間中心主義的なエコロジーとは異なる自然観を構築することで、環境問題の解決を図ろうとした。彼の言う「自己実現」とは、自分を無限に拡大させることであらゆる存在と自分を同一に見るというものである。つまり、自己を無限に拡大することで自己が環境全体であり、環境全体が自己となる、ということである。この自己と他者が分離されず、相互に関係性を持つものとして捉えようとする視点は、西田の思想と同じであろう。西田も「自己の内に他を見る」、「他の内に自己を見る」などと述べており、両者の考えには重なる部分が見られる。しかしながら、ネスの自己実現は、自己がどこまでも他者を包み込んでいくことが前提となっているが、西田は他者の中に自己を消失させ、自己と他者の境界がなくなる方向で考えたところに大きな違いがある。それは「物となって見、物となって行う」という言葉からも明らかである。この違いは、東洋的、仏教的なものの見方の違いだと指摘されている。また、西田が自己をできるだけ消失させ、区別や対立がなくなったところから実在を捉えようとしたのに対し、ネスの自己実現の概念には、二元論的な思考が残っている。この点については、松岡幹夫の西田とネスの「自己実現」への見解が参考になるためここに引用したい。

西田のいう「自己実現」もネスと同様、人間と自然の一体化を含意している。しかしながら、それはネスのように自己感覚の拡大のみを意味するのではなく、双方向的な「主客合一」であった。すなわち、人間（主）が宇宙の統一的自己（客）へ帰一しゆくベクトルとともに、統一的自己が人間を通じて自身を顕わにするベクトルをも併せて持っているのである。ネスの述語を使っていい換えるならば、self→Selfと同時にSelf→selfのベクトルを持った自己実現を西田は説いている。ネスの場合、自己実現のベクトルはあくまでself→Selfに限られていた(12)。

こうした違いを踏まえながら、松岡は、「西田の双方向的な自己実現思想は、極端な自然中心主義を支持しないであろう」(13)との見方を示している。両者の相違点について「西田がネスと違って人間の倫理的努力を強調し、人格の実現を真の自己実現と規定したことを考えれば、あくまで『人間』を基軸にした思想であることは否定できない」(14)と指摘した上で、西田の自己実現の思想は、従来の人間中心主義対自然中心主義という二文法では分類不可能な両極を否定しつつ、それらを内包するという新たな立場だと評価している。しかしながら、松岡は、西田が純粋経験を忘我的に捉えていることからもわかるように、「無」への強い思考が見られるため個の根源的主体性の確立が難しく、環境倫理に用いることは難しいのではないかとも指摘している。

2 江渡狄嶺の「場」論

西田幾多郎の純粋経験と同様に、主客の対立する構造を乗り越えようとした思想家に江渡狄嶺がいる。江渡狄嶺は、『場の研究』を著し「場」の思想を展開している。狄嶺は、西田幾多郎と同時代人であるが、その「場」論は西田の「場所」論ほどには注目されることはなく推移してきている。狄嶺は、生きて働く自らの足場を欠いた哲学は哲学ではないと主張し、その足場を「特称拠場」と呼びそこからすべてを考えようとした。

狄嶺は、明治一三（一八八〇）年に青森県三戸郡五戸村（現在の五戸町）に生まれた。八戸尋常中学校に通いながら漢学塾で儒学を学び、父親の購読していた『国民新聞』や『国民の友』を通じ平民主義やトルストイを知るようになった。特に、トルストイから百姓生活が正しい生き方であるとの考えを教えられたと言う。狄嶺は東京帝国大学法学科に進み、その後政治学科に転科したが、大学を中退し百姓生活の道を選んだ。これは法学科に進んだ後にクロポトキンに出会い、トルストイからだけでは確信が持てなかった百姓生活の社会的・経済的な意味について知り、影響を受けた結果であった。しかし、狄嶺は、百姓生活に入って暫くすると、トルストイやクロポトキンに不信を抱くようになった。なぜならば、百姓生活が、トルストイが言うほど楽しいものではなかったからである。

狄嶺は、「官界に入ったら次官ぐらいにはなったかもしれない」との後悔の念にかられ、百姓生活を意味づけるため、さまざまな本を読み漁りながら煩悶の日々を送った。夢破れるまでの狄嶺の生活は、まさに「実際の百姓生活を生きていたということよりも、百姓生活の『理由』に生きていたのであり、それに無常のプライドを感じていたと解し得る」(15)ものだったのかもしれない。その苦しさの中で、自分の生活を顧みることでようやく「場」、「行」の思想に至り、その意味を見出すことになったのである。それは、「百姓という存在が人間存在のうちの一つの存在であり、しかも不可欠の存在の一つであるということは、百姓の存在の根拠が、人間存在それ自体にあるということを意味していて、ラチオの判定や認可にもとづいてはじめて存在したようなものではないということを証拠だてている」(16)作業でもあった。ここでのラチオとは「分別知」をさす。

それでは、狄嶺の「場」とはどんなものであったのであろうか。それを探るために、まず「家稷農域」の思想について見ていきたい。狄嶺は、「国家」を意味する「社稷」を「家稷」という言葉に言い替え、百姓や農家に身近な意味を持たせている。「家稷」は、権藤成卿の「社稷」からヒントをえたものであり、百姓生活の基本である「家」と「穀物」を意味するが、彼は「国家」を連想させるとして「社稷」の使用を避けている。狄嶺は、「家稷」の営まれる「場」が「農域」であるとし、この「家稷」と「農域」は一体的なものとして捉えている。それは、「家稷は生活である。『我れ生く』という生域、生きる領域としての家稷」(17)との言葉からもうかがえる。狄嶺は、百姓が自ら生きて働いている普段の生活に入りこみ、その中から涌き出るものを掴もうと模索した。そして、百姓の生活を根拠づけるために生きるのではなく、百姓として黙々と鍬を持って働く自分、つまりはありのままの自分を対象化し、理論武装せずとも、自分の存在価値を肯定する境地にたどり着いたのである。

狄嶺は、「家稷」における人間の生きる意味を探り、道元禅の「只管打坐」を「只管百姓」という言葉へと読み替えた。「只管打坐」は、坐禅するところがそのまま涅槃であるという意味である。狄嶺は、悟りが宗教者の占有物に止まる限り、百姓として生きることに積極的な意味を見出せないと考えていた。百姓が「為」すなわち生業を営むことが、「行」である悟りに至る道だと確信し、「只管百姓」としたのである。

また、狄嶺は、「家稷」と「農乗」がどのように関係するのかとの問題解決に苦心している。この問題は、「農業の自然・社会的環境と農民の精神世界の相互関係の問題」(18)とも言い換えることができる。狄嶺は、その両者を関係づける基盤を「場」に見出した。それは、「各人が地域社会での生活を基盤としての知識創造の一躍を担い、全体社会の知識大系を支えていくことを意味している」(19)のであった。そして、これに関わって、狄嶺は、生きて働く自らの足場を欠いた哲学は哲学ではないと主張し、その足場を「特称拠場」と呼び、そこからすべてを考えようとした。

西田幾多郎、江渡狄嶺とともに、「日常の生活」を思索の場として捉えていた。西田は自己を「場所」として捉えたが、これは自らの働く場を軸とした狄嶺の「場」論と親近性を持つものである。しかし、両者には異なる点も見られる。それは、「私にとつては極めて直接の関心であり、自分の生活の必須の考え方」(20)、「場は概念ではなくして實體である」(21)、「いわゆる『無の理論』では絶對に解からないのである」(22)、「西田さんの場の考えはこゝから來てはいないように思われる」(23)との狄嶺の言葉にも表れている。すなわち、狄嶺は、「生きることをはたらいて生きている人だけが、語るべくして語れない、もつべくしてもてない、聞えないことばを、即ち生活そのもので語っている無言のことばを、聞こえることばにして語っている」(24)のである。また、狄嶺の思索は、有閑の思索ではなく、自分の現実から思索が出発することに重きが置かれていた。したがって、彼は、われわれが物を考えるには、「ある」(或在)から始めなければわからないと主張する。つまり、それぞれの「場」に立つことなく、「神だとか、佛だとか、實在だとか、辯証法的一般者だとかいうように説いたのでは當らない。そう決めてかゝつたのでは當らない。決まつたものにしてしまつてはあたらない」(25)と述べている。また、真理とは、それを求めるわれわれの探求そのものによって導かれると捉えていた。狄嶺は「那事」を「ホワッテング(whating)」という造語で表しているが、それは真理が常に問い続けるわれわれ自身の行為に相即するということを示している。狄嶺は問い続ける自分の中に、それに応じた真理があると考えていたのである。

狄嶺と西田の純粋経験との根本的な違いは、「西田が日常の経験を芸術家や宗教家の直覚まで引き上げることで純粋経験の最醇なるすがたを捉えるのに対し、狄嶺は、道元の行を百姓行として捉えかえしたように、芸術家や宗教家の直覚を家稷という日常経験に引き下げることで百姓行の地湧するすがたを捉えた」(26)点にあると言えるだろう。言い換えれば、狄嶺が「この生活」に徹したのに対し、西田は「この生活」を突き抜けた生活で事物を見据えた点に大きな違いがみられる(27)。狄嶺は、西田とは逆に具体的な「場」から実在に関する普遍性を捉えようと試みている。狄嶺は百姓行によって主観―客観を乗り越えようとし、西田は純粋経験に未分する世界を見出した。また、狄嶺の「場」が具体的な「この生活」に即していたことに対し、西田の「場所」は「辨証法的一般者の世界」であった(28)。具体的な

「この生活」にあくまでもこだわった狄嶺の「場」の思想は、「ことに自分が包み込まれてある地域を、自分とは乖離した資本の操作空間（単なる対象空間）に変え、生きた空間（生活空間）を殺しつづけてきた従来の開発理念自体に根本的な反省を迫るもの」(29)と評価されている。そして、この「生きた空間（生活空間）」を起点としたものの見方は、冒頭に述べた中村佳子やエドワード・レルフが指摘した現代的課題への一つの答えとなるのではないだろうか。

3 「場」の思想の可能性

西田幾多郎の「場所」、江渡狄嶺の「場」の思想は、近代の知のあり方への批判でもあった。真の実在を探求する過程に大きな違いは見られたものの、主客の対立を乗り越えようとしたところは一致する。そして、「日常の生活」こそ哲学の思索の場である、と捉えていた点にも共通性が見られる。

さて、一般的に「近代」を特徴づけるものとして、①主観と客観の分離、②自我と他者の分離、③人間と自然の分離があげられる。まず、主客と客観の分離とは、主観と客観は離れて存在するとの考え方である。人間の主観が、自然界や身体と離れたところにあると考えるため、客観である身体は、自由な主観によってコントロールできる存在として位置づけられる。したがって、すべての客観的事物とは、主観から離され解明できるものとして捉えられるようになった。二点目の自我と他者の分離についてであるが、近代の特徴は「『我』の自覚」でもあり、これによりそれまで共同体の中に埋もれていた「個」が出現し、その「個」によって新たな共同体が形成されていった。しかし、この自我を持つ「個」はそれぞれ自由であり、「他者」とは切り離され、独立した存在として見なされるようになっていった。そして最後の、人間と自然との分離であるが、この考えにより自然環境とは客観に属するものとして位置づけられることで、自然は支配の対象となっていった。つまり、人間は環境の中に在るのではなく、環境は人間の外に存在するという考え方が出現するようになったのである。その結果、人間が環境をコントロールするという構図が生まれ、環境問題を引き起こす一因になったのではないかとも指摘されている。

大森荘蔵は、近代的世界観の特徴を「死物的自然観が支配するところ」と述べている(30)。また、この死物観が自然のみならず人間の肉体にまで及び、現在では心や脳の働きまで死物化して捉える動きが進行していると言う。色、匂い、手触りなどの主観に属するものは排除され、「ただ幾何学的な形状と運動変化があるだけ」(31)の世界が形成されていったのである。大森は、この死物化した世界観が近代科学の発展を支えた一方で、私たちの現代社会に対する不安を引き起こしていると指摘する。この弊害を取り除くためにも、大森は「活きた自然との一体性」という感性の取り戻すことの必要性を強く主張している。そして、それは決して現代科学と対立するものではないとも述べている。

これまで見てきたように、科学の発展の歴史は、近代的世界観に支えられてきた。しかし、科学が拡大する中で客観の世界が広がり、反対に主観の領域は追い込められることとなった。西田幾多郎は、近代的世界観を支える西洋の哲学が主観—客観の枠組みを前提としていることを批判した。そして、それを乗り越えるため、真理が言葉によって把握され、言葉で把握されるもののみが真理であるとする伝統的な哲学にも疑問を抱き、真の実在を純粋経験によって捉えようとしたのである。しかしながら、ここで留意すべきことは、西田は主観―客観の枠の中で事物を捉えることを否定していないということである。このことを確認した上で、藤田正勝は、西田の「場所」の持つ意味を「われわれがものを認識し、行為することは、事柄の基点ではなく、むしろ「場所」のなかで生起する一つの出来事であるという理解がそこにある。そのような意味で西田の場所論は、近代的な人間観を根底から問い直すものであった」(32)と指摘している。

江渡狄嶺もまた、借り物のイデオロギーによって自己を対象化させることによって存在の意義を求めるのではなく、自分の生活において湧き上がるものの中から自己の存在を捉えようと試みた。これまで主観と客観、自我と他者、そして人間と自然は、相対する関係にあると位置づけられてきた。しかし、「場所」によって、これらは相互関係にあるものとして捉え直されることになった。つまり、これまで自己と他者、人間と自然は、まったく切り離されそれぞれに独立して存在すると捉えられていたが、この「場」の思想においてそれぞれが不可分の存在として位置づけられるのである。

このような捉え方は、今西錦司の『生物の世界』においても見られる。今西は、「西田幾多郎に続く京都学派のひとり」とも称されるため、西田の思想と親近性があるのは当然のことかもしれない。しかし、生物と環境の関係の捉え方はより具体的でとても興味深い。今西は、生物と環境について次のように述べている。

この生物という統合体が独立体系であるということの結果として、生物とその外界、あるいはそこに生物を入れているものとしての環境というものが考えられる。けれども独立体系としての生物であっても、生物が生きて行くためにはその外界からあるいはその環境から生物はまず食物を取りいれねばならない、またはその中に生物はその配偶者を見いだせねばならないということは、生物は環境をはなれて存在しえない、その意味で生物とはそれ自身で存在しうる、あるいはそれ自身で完結された独立体系ではなくて、環境をも包括したところの一つの体系を考えることによって、はじめてそこに生物いうものの具体的な存在のあり方が理解されるような存在であるということである(33)。

今西は、環境と生物との関係性に新たな視点を提示したと言われている。先の引用からもわかるように、生物とは環境と対峙する存在ではなく環境と一体となった存在であり、その生命体が生きている環境も含めて生物だと捉えた。それは、「外界とか環境とかいう言葉を用いるとよそよそしく聞こえるが、環境とはつまりその生物の世界であり、そこにその生物が生活する生活の場である」(34)、「生物とその生活の場としての環境とを一つにしたようなものが、それがほんとうの具体的な生物なのであり、またそれが生物というものの成立している体系なのである」(35)という言葉からも明らかである。さらに、今西は、生物が環境に規定されるとの見方を否定している。彼の有名な「棲み分け」の理論も、ダーウィンの自然観に対する不満から生まれたものであり、今西は、ダーウィンが生物の環境への働きかけを考慮しないことに納得できなかったのである。

ところで、狄嶺は、さまざまな造語を編み出した。その中に「自然」、「使然」というものがある。どちらも「しぜん」と読むが、「自然がわれわれに働きかける場合、即ちわれわれが自然を所與として受けとる場合は『自然』でいい。しかしわれわれが自然に働きかける場合は『自然』よりも『使然』の方がよりしっくりする」(36)と分けることで概念を正確に表すことができると考えていたようである。このようなところからも、狄嶺が人間と環境は相互に関係するものとして捉えていることがうかがえるのである。

おわりに

これまで、現代社会のさまざまな問題が近代的世界観に起因すると指摘してきた。私は、「場」の思想が近代的世界観をマイナス面を補完すると共に、求められている人間―人間、人間―自然の「共生」の実現へ一つの方向性を示しうるのではないかと考えている。近年の「グローバル化」に伴い「共生」が叫ばれるようになってから、私たちにとって「他者との共生」や「他者理解」などの言葉は、ごく身近で日常的なものとなっている。しかし、その「共生」の内実が語られることは少ない。そのため、私たちは「他者」尊重の必要性を声高に叫びつつも、自分にとって必要のない「他者」を受け入れず、排除してしまう危険性を誰もが持っていることに留意しなければならない。

宮本久雄は、「今日における他者支配の中枢思想の座に、技術学的形而上学が君臨している」(37)と指摘している。さらに、神の死についてもふれ「神の死を招いたのは、近代的有神論や形而上学であって、その内実は人間主体の無神論なのである。返って無神論の旗をかかげエポックの問いを否応なしにおわされた哲学の方が、神にあるアプローチをなしえたわけである」(38)とも述べている。表象的主体である人間が神の座に座ったことにより、人間が存在を規定しそれに回収されないものは異端として排斥・抹殺されるため、宮本はこれを「存在の全体主義的性格」(39)と指摘している。これは、対人間だけの話には留まらない。「他者」には、人間以外の生物や自然なども含まれる。宮本は、物理科学的世界像における文明の全体主義が、環境破壊にも垣間見えるのではないかとの疑問を投げかけている。この全体主義的な思考の「外」にあり、現代の文明空間に無意味無用とされた生物や自然は無視され、排除されてしまうため、このような考え方が環境破壊を招いているのではないかと指摘しているのである。そして、宮本は、これを克服するものとして、西田幾多郎の「純粋経験」に可能性を見出している。真の実在は、言葉ではすくいきれない「他者」と一体となることで初めて把握することが可能となるからである。

さて、エドワード・レルフは、その著作『場所の現象学』において、私たちが経験する「場所」の地理を二つに区分している。それは、多様性と意味によって特徴づけられた地理、もう一つは似たような景色がどこまでも続く迷路のような没場所的な地理である。レルフは、場所を「人間の秩序と自然の秩序の融合体であり、私たちが直接経験する世界の意義深い中心である」(40)と位置づけている。また、場所は「抽象的な物や概念ではなく、生きられる世界の直接に経験された現象であり、それゆえ意味やリアルな物体や進行しつつある活動で満たされている」(41)「人間存在の根源」(42)でもある。しかし、現代の人々にとってその場所は意義を失いつつあると言う。レルフは、「没場所性」の広がりに強い危機感を抱いている。没場所性とは、意義のある場所をなくした環境と、場所の持つ意義を認めない姿勢をさし示している。本来、多様で意味のある場所は、効率を第一とする多国籍企業や権力的な中央政府によって互換性のある置き換え可能なものとして扱われ、さらに、マスメディアを通じ均質的な場所や景観へと変えられることで、没場所性は拡大の一途をたどっている(43)。レルフは、この没場所性を克服するために、古い場所を単に保存するような「博物館化」ではなく、「私たちの住む環境を、まだ十分には理解していない巨大な機械のように扱う正確な数学的手続きではなく、日常的および非日常的経験の両方の生きられた世界の設計」(44)の必要性を主張する。この「生きられた世界の場所の設計」は決して簡単なことではなく、また感情と設計の組み合わせの可能性についても不確実だとしながらも、私たちが「根なし草」にならないために必要な挑戦だと訴えかけている。

このレルフの「没場所性」の「場所」は、西田幾多郎や江渡狄嶺の「場」とは必ずしも同一のものではないが、親近性を持つように思われる。レルフは、場所の本質を「場所を人間存在の奥深い中心と規定しているほとんど無意識な『場所の志向性』に存在する」(45)ものと捉え、このことを端的に表すものとして、フランスの哲学者マルセルの「人間を場所から切り離して理解することはできない。人間は場所なのである」との言葉を引いている。この主張は、「場所」、「他者」が存在して「私」が存在するという西田や狄嶺らの思想に重なるものだろう。

近代科学に基づく近代社会は、二元論によって自立した主体を創り、その主体が自由に活動することで発展してきた。しかしながら、自由な主体は自己の利益を追い求めるため常に競争にさらされることになり、格差の問題や環境問題など社会問題をも生み出してきた。これらの問題を解決するために考えられる一つの方向性は、近代の積極面を否定することなく、それを補う形で東洋哲学と西欧哲学と融合させることではないだろうか。その過程において、新たな人間観や世界観の構築が求められている。東洋哲学の特徴は、人間も自然の一部、自然も人間の一部のように自己と他者が相互作用する存在と位置づけられることにある。しかし、西洋哲学と東洋哲学の受容は、意識的には働きかけない限り困難だと言わざるをえない。この両者を統合するものとして「場」の思想が期待されるのである。「場」の思想を通じて、新たな自己と他者の出会いが生まれ、人間―人間、人間―自然の新しい関係を作り出していけるのではないだろうか。

●注

1 中村佳子『科学者が人間であること』岩波新書、二〇一三年、四頁。

2 同前。

3 エドワード・レルフ、高野岳彦・阿部隆・石山美也子訳『場所の現象学』ちくま文芸文庫、二〇一一年、一八頁。

4 日本において「自然」の観念ができあがったのは、近代になってからである。「自然」という言葉は、「nature」の翻訳語として用いられ、それまでの「自然」のニュアンスとは大きく異なるものとなっている。「自然」は、自ずからなるに任せるとの意味であり、それを表すように「無為自然」という語には人為を加えない「自然」のあり方が示されている。しかし、翻訳の過程で新たな意味が吹き込まれ、「自然」は客観的な存在と見なされるようになり、それまでの人間の理想や宗教的な意味合いとは切り離された存在と位置づけられることになった。その結果、「自然」には伝統的な日本語としての意味と「nature」の意味が共存し、両者の矛盾を内包したまま普及することになったのである。この新たな「自然」は科学のみならずさまざまな領域に大きな影響を与え、伝統的な自然観と融合した形で受容されていった。つまり、自然を自分の外にあるものとして客観的に見る西洋的な自然観を受け入れる一方で、自然の中に自分を融合させるというものである。それは「母なる自然」にという言葉に象徴され、この大きなものの中に没入するという姿勢は「甘えの構造」の形成にも通じていると言われている。このような自然を母親のように見立て、何でも受け止めてくれる存在と見る自然観が、公害問題などを生じさせる一因となったことは否めない。

5 小坂国継『西田哲学の基層――宗教的自覚の論理』岩波書店、二〇一一年、二九二頁。
6 江渡狄嶺『場の研究』平凡社、一九五八年、二九六頁。
7 宮本久雄『他者の原トポス――存在と他者をめぐるヘブライ・教父・中世の思索から』創文社、二〇〇〇年、註、三八頁。
8 藤田正勝『現代思想としての西田幾多郎』講談社、一九九八年、二一二頁。
9 西田幾多郎『善の研究』岩波文庫、二〇〇二年、一三頁。
10 同前書、七四~七五頁。
11 藤田正勝『西田幾多郎の思索の世界』岩波書店、二〇一一年、九四頁。
12 松岡幹夫「『善の研究』とディープエコロジー――宇宙論的ヒューマニズムの探求」東洋哲学研究所編『地球環境と仏教　大乗仏教の挑戦3』東洋哲学研究所、二〇〇八年、一七六~一七七頁。
13 同前書、一七七頁。
14 同書、一七九頁。
15 斎藤知正「江渡狄嶺と行」斎藤知正・中島常雄・木村博編『現代に生きる江渡狄嶺の思想』農文協、二〇〇一年、一六七頁。
16 同前書、一七三頁。
17 江渡狄嶺『場の研究』平凡社、一九五八年、二九六頁。これについて岩崎正弥は、「家稷」は地域空間を表しているとし、「家稷」と「農域」を「自分」と「地域」と言い換えてもいる（岩崎正弥「江渡狄嶺の地域論——『場』からみた地域とその政策原理をめぐって——」斎藤知正・中島常雄・木村博編『現代に生きる江渡狄嶺の思想』農文協、二〇〇一年）。

18 西村俊一「江渡狄嶺にとっての農村・農民問題」斎藤知正・中島常雄・木村博編『現代に生きる江渡狄嶺の思想』農文協、二〇〇一年、五六頁。

19 同前書、五七頁。

20 江渡狄嶺『場の研究』平凡社、一九五八年、二四頁。

21 同前書、三五頁。

22 同書、四四頁。

23 同書、九九頁。

24 長谷川如是閑「序」江渡狄嶺『場の研究』平凡社、一九五八。

25 同前書、四五頁。

26 木村博「場と場所——江渡狄嶺と西田幾多郎——」斎藤知正・中島常雄・木村博編『現代に生きる江渡狄嶺の思想』農文協、二〇〇一年、一八九頁。

27 同前書、一八二頁。

28 同書、二〇九頁。

29 岩崎正弥「江渡狄嶺の地域論——『場』からみた地域とその政策原理をめぐって——」斎藤知正・中島常雄・木村博編『現代に生きる江渡狄嶺の思想』農文協、二〇〇一年、四七〜四八頁。

30 大森荘蔵『知の構築とその呪縛』ちくま文芸文庫、二〇一〇年、一三頁。

31 同前書、一五二頁。

32 藤田正勝『西田幾多郎――生きることの哲学』岩波新書、二〇一三年、一〇〇頁。
33 今西錦司『生物の世界――ほか』中公クラシックス、二〇一二年、五九～六〇頁。
34 同前書、六四～六五頁。
35 同書、六五頁。
36 山川時郎「解題」江渡狄嶺『場の研究』平凡社、一九五八年、四四頁。
37 宮本前掲書、二六頁。
38 同前書、二七頁。
39 同書、二九頁。
40 レルフ前掲書、二九四頁。
41 同前。
42 同前。
43 デヴィット・ハーヴェイは、その著作『反乱する都市』において、都市開発が、民衆の生活の基盤を破壊する側面があることを指摘している。彼は、都市と資本の関係に注目し、資本は剰余生産物の集積する場、吸収させる場として都市を必要とし、都市を作り出したと捉える。資本の蓄積の過程は都市の形成過程でもあり、その過程において「生産」と「消費」が組織化され拡大していく。資本を生み出す工場として都市があるのである。しかし、この都市形成過程こそが階級現象であるとし、ほんの一部の人のみにその恩恵が独占されているため、搾取されている側の「都市への権利」の回復を訴えている。「都市への権利」を回復することは、普通の市民が都市の生活に影響力を行使し、自分たちが暮らす環境を自分たちで決めるということである。ハーヴェイのこのような捉え方は、「都市」に対する新たな視点を提供しているように思われる。本稿では、深く掘り下げることができなかったため、今後の課題としたい。

44　レルフ前掲書、三〇五頁。
45　同前書、一一五頁。

●引用・参考文献

今西錦司（二〇一二）『生物の世界――ほか』中公クラシックス。

上田閑照（二〇〇〇）『私とは何か』岩波新書。

江渡狄嶺（一九五八）『場の研究』平凡社。

大森荘蔵（二〇一〇）『知の構築とその呪縛』ちくま文芸文庫。

柿木伸之（二〇一〇）『共生を哲学する――他者と共に生きるために』ひろしま女性学研究所。

桑子敏雄（一九九九）『環境の哲学――日本の思想を現代に活かす』講談社学術文庫。

小坂国継（二〇一一）『西田哲学の基層――宗教的自覚の論理』岩波現代文庫。

斎藤知正・中島常雄・木村博編（二〇〇二）『現代に生きる江渡狄嶺の思想』農文協。

菅原潤（二〇〇七）『環境倫理学入門――風景論からのアプローチ』昭和堂。

東洋哲学研究所編（二〇〇八）『地球環境と仏教　大乗仏教の挑戦3』東洋哲学研究所。

中村佳子（二〇一三）『科学者が人間であること』岩波新書。

西田幾多郎（一九八七）『場所・私と汝』岩波文庫。

西田幾多郎（二〇〇二）『善の研究』岩波文庫。

ハーヴェイ、デヴィット（二〇一三）『反乱する都市――資本のアーバナイゼーションと都市の再創造』森田成也・大屋定晴・中村好孝・新井大輔訳、作品社（David Harvey〈2012〉*Rebel Cities : From the Right to the City to the Urban Revolution.*）。

藤田正勝（二〇一一）『西田幾多郎の思索世界――純粋経験から世界認識へ』岩波書店。

藤田正勝（二〇一三）『西田幾多郎――生きることと哲学』岩波新書。

宮本久雄（二〇〇〇）『他者の原トポス――存在と他者をめぐるヘブライ・教父・中世の思索から』創文社。

柳父章（一九八二）『翻訳語成立事情』岩波新書。

レルフ、エドワード（二〇一一）『場所の現象学』高野岳彦・阿部隆・石山美也子訳、ちくま文芸文庫（Edward Relph〈1976〉*Place and Placelessness*, Pion Ltd.）。

第10章■布施　元

人間にとっての共生を考える

〈〈共〉の視座からのアプローチ〉

はじめに

関係性から切り離されたある人間を想定し設定して、それを分析したり解析したりしているだけでは、人間存在の現実性や根源性に迫ることは難しいだろう。いうまでもなく人間は、必ず何らかの関係性を伴って存在するのである。そのため、人間学に関する重要な手掛りの一つは〝人間にとっての関係性〟にあると考えられるが、その関係性は一般的に、〝自然に対するもの〟と〝人間に対するもの〟という二つの基本軸によって成り立っている。そこで本論では、「人間の本質の一端は、対自然関係と対人間関係の統合的観点から明らかになる」というテーゼを、環境哲学と人間学を架橋する一つの確かな立脚点として掲げることにしたい。その所以はまた、〝環境の危機〟と〝人間の危機〟が〝人間にとっての関係性の危機〟としてある、という事実にも関わっている。

二〇世紀後半、経済が高度成長する中で発生した公害などの環境問題は、今や地球全体のエコロジー危機が懸念されるほどにまで進展し、現在世代及び将来世代を含む人間の生存さえも危ぶまれる事態に至っている(1)。このような環境と人間をめぐる危機は、一方で、自然が危機的状態にあること、その結果、それに依存せざるをえない人間も危機的状況にあることを説明するが、他方で、人間と自然の関係性が危機的であること、すなわち、人間の対自然関係が危機的であることを意味する。もう少し踏み込んで描写すれば、それは、人間と自然の間の共生という関係性の危機であり、人間にとっての共生の危機である。そしてその共生の危機は、対人間関係における共生の危機でもある。

1　環境哲学と人間学を結びつける概念としての共生

人間というのは、進化論が否定されないかぎり、自然の過程の産物であり、自然物そのものである。人間は自然の一部であり、自然の摂理に従ってはじめて生きることができる。また人間は、このように自然や他の生命体と共通の連続した存在であると同時に、他の生命体と違い、自然とは別の、人間固有の存在形態としても生きている。人間はしたがって、自然との関係において〈同質性〉と〈異質性〉をともに発現する生命存在である。人間は、この本源的な二面性を同時に欲求し追求しうる生きものであり、その事実は例えば、人間にとっての〝環境〟にも現れている。

環境とは、「個体ないし自己を取り巻き支える全体ないし全域」のことであるが、その環境には、「環境の一部ないし一環としてそれに関与し寄与する個体ないし自己」が含まれている。そして環境は、人間という存在形態に基づいたとき、〝自然環境〟と〝社会環境〟に大別され、前者は、自然に対する〈同質性〉あるいは自然との共通性・連続性に、後者は、自然に対する〈異質性〉あるいは人間の特殊性・固有性に由来する。人間は、自然環境を基盤として社会環境を創出する、独特な生きものである。また、この環境の二つのあり方から、社会環境を構成する人間相互の関係としての〝人間―人間関係〟と、その人間―人間関係と自然環境の関係としての〝人間―自然関係〟が導き出される。そして、人間―自然関係に焦点を合わせた場合、それは共生的にもなれば対立的にもなるが、対立的な関係ないし状態が過度になったところに環境問題が起こり、危機が生じる。

環境問題でいわれる環境は通常、自然環境のことをさす。環境問題が発生するのは主として自然環境においてであり、被害や損害を受け危機に瀕するのは、海洋やオゾン層、熱帯林、土壌、生物種、また人間一人ひとりを含む生物個体などといった、具体的な自然物である。この環境問題の原因は当然のことながら人間にあり、環境問題は、その人間と自然環境の関係、すなわち人間―自然関係のあり方によって生じる問題であるが、より正確にいえば、自然環境に対する人間―人間関係のあり方によって生じる問題である。それゆえ、その解決へ向けては、人間相互の関係のあり方こそが問われなければならない。

環境問題を生み出さないような人間相互の関係、あるいは、人間と自然の共生を実現するような人間相互の関係を構想する際も、同様に、共生という関係性が重視される。つまり、人間―自然関係における共生の問題と、人間―人間関係における共生の問題はつながっている。有限な自然環境において――しかも、危機的な状態にある現代の自然環境において――、人間は互いに協調し共生するか、あるいは対立し競争するよりほかなく、そうした制約のもとでの対立や競争はいずれ、弱者の生存の危機を招くことになる。例えば、今後ますます危惧される環境難民や資源ナショナリズムの犠牲者のように、危機を頻繁に意識させられる個人や集団としての経済的弱者や政治的弱者や文化的弱者といった社会的弱者は、自然環境ではなく、もっぱら社会環境ないし人間相互の関係性によって生み出される。

環境と人間の危機は以上のように、〝人間—自然関係の危機〟及び〝人間—人間関係の危機〟として表現され、その両危機に通底するのは〝人間にとっての共生の危機〟である。そこで、人間の対自然関係と対人間関係の両側面——そして、環境哲学と人間学の両視角——からの危機の回避と共生の実現へ向けた取り組みが、現代には求められることになる。本論では、こういった問題意識と課題認識を持って、人間—自然関係と人間—人間関係を包含する〝〈公〉〈共〉〈私〉という思考枠組み〟、その中でもとりわけ、両関係における共生と連関し連動する〝〈共〉の視座〟に依拠して、現代における共生のあり方を考究する。本論はこうして、〈公〉〈共〉〈私〉の枠組みを媒介させつつ人間にとっての共生を吟味することを通じて、環境哲学と人間学を結びつける一つの試みとなる(2)。

本論では最初に、〈公〉〈共〉〈私〉の枠組みについての基本的な了解を踏まえた上で、〈共〉の視座と関連させながら、人間と自然の良好な関係を表す概念、「持続可能性」を検討する。その後、「持続可能な福祉社会」の構築という議論（広井良典）を取り上げ、人間—自然関係における共生の議論に接続させる。また他方で、人間—人間関係において共生の理念に光が当てられるとき、「共同」の理念（尾関周二）も論及されることを、「活動」及び「公的領域」という概念（ハンナ・アーレント）にふれつつ指摘し、最終的に、人間にとっての共生に関して準拠されるべき一つの基調的な指針を描き出したい。

2　共生を志向する〈共〉

新たな時代の到来に応じて、その時代の問題や課題を把握したり考察したりする際に役立つような概念や思考枠組みの登場が期待されるが、現代におけるそれらの一つとして、〈公〉〈共〉〈私〉というものが挙げられる。簡潔に述べれば、これらは人間相互の関係性の違いによって特徴づけられる、社会結合の三つの代表的な形態である。〈私〉（"private"）は企業あるいは市場システムを、〈公〉（"public"）は国家あるいは行政システムをさす言葉である。そして近年、それらと異なる原理に基づく〈共〉（"common"）の存在が、さまざまな場面や領域において共生が切望される中で注目されている。

〈共〉は具体的にまず、コモンズ（共有地や入会地といった自然の資源や環境と共同用益の関係や制度）が営まれる"共同体（コミュニティ）"として存在する。森林や原野、牧草地、河川、湖沼、海浜などからなる地域の生態系を共同体の生活基盤として、そこに住む住民がルールやモラルを通じて共同的かつ自治的に持続可能な仕方で利用し管理する、コモンズの慣習や文化は、世界中で共通して存在し、現在でも部分的に維持されている。こうしたコモンズの形成・活用とともに、人間と自然の共生や人間相互の共生（相互扶助）が、排他性や従属性を内包しつつ実践されてきた。

しかし、近代以降、資本主義の勃興や国民国家の成立を経て、コモンズの私有化あるいは国有化が一般化していく過程で、コモンズは縮減の一途を辿っていく。その反面で、〈私〉と〈公〉はますます成長し、次第に社会環境と自然環境の制約から解放され主体化していき、人間―人間関係においては親密な共同的関係が衰退し、人間—自然関係においては大量採取・生産・流通・消費・廃棄が推進され、持続不可能な構造が確立されていく。そして、〈私〉と（それに追従する）〈公〉によって遂行された高度経済成長や市場経済的グローバル化と関連して、資源枯渇や環境破壊が深刻化する中で、コモンズの意義や役割が再認識され再評価されつつある(3)。

環境問題をはじめとした生命や生存や共生に関わる危機的問題は往々にして、〈共〉を担う住民や市民の生活現実において発生し発見されてきた。けれども、そういった諸問題をめぐってはこれまで、主に、その発生源でもある〈私〉と〈公〉によって解決が試みられるも、抜本的な効果はあまりえられてこなかった。日本での例を挙げれば、足尾銅山鉱毒事件や四大公害病から福島第一原発の事故まで一貫して見られる同様の社会構造の性質（大企業による利益追求に特化した行動と、政府によるその支援と責任放棄）は、近代化に内在する問題である。そして、このような〈私〉と〈公〉を主軸とする、行き過ぎた社会の状況に反発する仕方で、共生を希求する切実な動きが表面化してくる。

一九六〇年代、七〇年代以降、世界大戦後の高度経済成長に随伴する形で、世界各地において学生運動、平和運動、人種差別撤廃運動、先住民運動、フェミニズム運動、環境保護運動、消費者運動などといった、種々の形態の住民運動や市民運動が出現するようになる。また、一九八〇年代、九〇年代以降、東西冷戦構造の崩壊後の市場経済的グローバル化に対抗して、NGOやNPOなどのような住民や市民の内発的な組織的活動が世界中で頻発するようになる。〈共〉はこのように、共同体の他に、市民の自発的で協同的な運動・組織（NGO・NPO、協同組合、ボランティア活動など）によって多彩に構成される〝公共圏〟としても現象する。公共圏は、近代の自立した個人によるアソシエーションを特徴とし、共同体とは別次元において共生を志向する社会形態である(4)。

従来の(近代の)社会の存立形態は〈私〉と〈公〉を両輪として、前近代から続く〈共〉(共同体)を縮小し解体し続け、結果として、現代において極限状態に達し、種々の問題群を発生させてきた。要するに、〈私〉と〈公〉によって成り立つ社会構造(人間―人間関係の特殊なあり方)が、人間―自然関係と人間―人間関係において致命的な対立状況や敵対状況を生み出し、生命の危機を引き起こしてきたのである。こうした歴史的過程を反省し、〈私〉と〈公〉を中心とする状態と傾向から脱却すべく、〈共〉(共同体と公共圏)を契機とし共生をめざす、新たな(脱近代の)社会のあり方が模索される。

〈共〉に基づく社会構想は、共同体と公共圏が相互補完的に捕捉され、人間と自然をめぐる多様な共生が企図される発想である。換言すればそれは、閉鎖性や拘束性といった問題性を孕みつつも、前近代から存続してきた歴史貫通的な特徴を持つ共同体と、それを持続させたり再興したり改善したりするような、近代という特殊な時代の積極的な特徴を持つ公共圏とを、区別しつつ統一して考えるものである。そして、共同体と公共圏の協力により、〈公〉を活用しながら〈私〉を制御し、肥大化したそれらを社会環境と自然環境の中に適正に埋め込むような、〈公〉〈共〉〈私〉の適当なバランスが、人間にとっての関係性における一つのビジョンとして打ち出される。

3 〈共〉の特性としての持続可能性

ところで、この〈公〉〈共〉〈私〉の中で、とくに〈共〉は、自然との適切な関係を示す概念、「持続可能性」と深く関係している。例えば、「公―共―私」の原理(5)について活発に議論している広井良典は、現代の状況に直面して、新たな「共」(コミュニティ)に基礎を置くような社会を展望するが、その際に、持続可能性に着目する。彼は、これからの時代において、「公」(政府)でも「私」(市場)でもない「新たなコミュニティ」としての「共」の領域が拡がり、「新たな公共性(市民的公共性)」の担い手として政府の役割の一部を代替し、市場における企業が営利と非営利の連続性や社会的責任といった形で「共」の一部を担うことで、「公―共―私」が重なり合い相互に連携する姿を描いている(広井、二〇〇九a、一六六〜一七九/二〇〇九b、一五六〜一六一)。そして、このような「公―共―私」の枠組みを用いる中で広井は、「持続可能な福祉社会」という社会像を提起する。

現代的課題である「環境」と「福祉」の両視点を統合しようとする、この持続可能な福祉社会は、「個人の生活保障や分配の公正ないし平等が実現されつつ、それが環境制約とも調和しながら長期にわたって存続できるような社会」である。それが要請される根拠としては、次のような点が挙げられる。すなわち、①環境や資源の有限性という「外的な制約」、②〝成長に代わる価値〟の不在、〝真の豊かさ〟及び〝幸福感〟の欠乏、個人の孤独といった「内的な制約」、③格差や貧困などのような「分配」をめぐる問題である(広井、二〇一〇)。

また、持続可能な福祉社会が提示されてくる政策的な文脈について、広井は次のように説明している。「大きな政府(高福祉・高負担)vs. 小さな政府(低福祉・低負担)」という富の分配をめぐる対立軸(福祉/社会保障の文脈)とは別に、「成長志向 vs. 環境(ないし定常)志向」という富の総量をめぐる対立軸(環境政策の文脈)がクローズアップされる。前者の対立軸においては、社会保障や公共事業による政府の財政政策に基づく有効需要の拡大か、それとも政府の最小限の介入による市場経済の拡大か、というように、いずれも経済成長を目標ないし前提とする点で共通しているが、環境問題への関心の高まりや物質的な豊かさの飽和を背景として、大きな政府か小さな政府かという選択ではなく、資源や環境の制約の中で長期にわたって持続可能であるような社会のあり方が求められるようになったのである（広井、二〇〇八、三～四／二〇〇九a、一九～二四）。

こうした議論から、市場（効率性）と政府（公平性）からなる二元的な枠組みの限界を超えて、「市場―政府―コミュニティ（持続可能性）」という三元的な枠組みで捉えようとする視座が示される。「共」の本質の一つが、世代間の継承を含む「時間性」ないし「時間的な持続性」にあることに注目し、「共」に特徴的なコンセプトとして持続可能性を位置づけ、その「共」の持続可能性（長期）を媒介させることによって、自然の持続可能性（超長期）、さらに「私」と「公」の持続可能性（短期）へと視野を広げようとする視点は意義深い（広井、二〇〇八、五～九）。人間と自然の持続可能なあり方は、「私」の効率性や「公」の公平性のみでは達成されず、「共」によって初めて実現されるのである。それが、「共」の固有の特徴の一つである。ただ、このように「共」における重要な性質として持続可能性が把握される一方で、もう一つの不可欠な特性、「共生」の視点も見逃してはならない。

そもそも、持続可能な福祉社会を含む持続可能な社会一般の構想においては、人間と自然の生存とそれらの両立的な関係に対する志向性が、思想的背景に存在するのではないか。突き詰めて考えてみれば明瞭であるが、人間と自然の持続可能性が要求されるのは、両者の共生の実現を要求するような事態が顕在化しているからである。共生に対する志向がなければ、持続可能性に対する志向も生じない。ただ単に、持続可能性への主張が独立的ないし排他的に行われるのではないのである。この点を見落とすと、何のために持続可能性が求められているのか、という根本的な問題が覆い隠され、いつの間にか、「共」や自然の持続可能性が「私」や「公」のための持続可能性に転化しないとも限らない。そうした事情からも、持続可能性とともに共生の視点が考慮されるべきなのである(6)。

4 持続可能性を補完する共生の視点

〈共〉に固有な性質として見出されるのが、持続可能性だけでなく共生でもあることを言明することによって、〈共〉の視座の現代的意義がさらに浮き彫りになる。例えば、広井と同様に、〈公〉〈共〉〈私〉の関係と〈共〉の活動領域の重要性を訴えている古沢広祐の議論は、〈共〉についての論拠として次のような点を示している。それはすなわち、現代の状況において、より強いものが生き残る競争原理が不均衡と格差を拡大させながら、(こうした原理に必ずしもなじむわけではない)教育や福祉、医療、農業などのような分野にも貫徹され、そのようにして私たちの生活が導かれつつあるが、そうではなく、「人と自然」や「人と人」を新たに切り結ぶために、「競争」ではなく「共生」が課題となっていることである(古沢、一九九五、一九九五~一九七)。

〈私〉と〈公〉によって促進される競争原理とそれに基づく人間の生き方の均質化・画一化は、共生の対極に位置する。前近代から育まれてきた共生原理を蔑ろにして興隆してきた近代以降の競争的傾向が、高度経済成長や市場経済的グローバル化を経て極致に達し、その反動的徴候として、共生的傾向が多様な形で続発してきたことは歴史的必然であるとも言えよう。〈私〉と〈公〉によって支えられた従来の社会の原理が競争であれば、それに対して、〈共〉によって志向される共生が原理となるようなオルタナティブな社会を構築することがめざされる。そしてその一つの例が、共生を基礎にした持続可能な社会である。広井や古沢と同じように、〈共〉の現代的意義を認識しその分析を行っている尾関周二は、持続可能な社会を実現するための理念として、共生を積極的に捉えることを提案している。

まず彼は、「環境福祉社会」の構築を主張する。それは、旧来の「環境と（成長）経済の両立」から「環境と福祉の両立」への転換を意味し、そこでは国民国家の枠組みを越えた環境福祉国家群の連帯や、資本主義的世界市場経済に対する強力な統制などが企図される。尾関の議論はこのように、広井の提唱する持続可能な福祉社会と課題認識を共有しつつも、それをより深める形で共生にふれている点で示唆に富む。この環境福祉社会の実現が短・中期的視点からの目標として位置づけられる一方で、長期的視点からの「共生型持続可能社会」や「共生共同型持続可能な社会」といった表現からもわかるように、持続可能な社会を共生によって基礎づけるのである（尾関、二〇〇七a／二〇〇七b）。

尾関が持続可能な社会と関連させて、共生の理念を取り上げる理由は、次の点にある。すなわち、もともと共生概念において人間―人間関係への問題意識が先行していたため、人間―自然関係だけに収まらない視点を提供することはもちろんであるが、さらに持続可能な社会が、資源浪費や環境破壊の克服を追求するあまり、エコ全体主義やエコファシズム、反社会正義、反文化多様性、自己実現抑圧といった排除や同質化の強要を招くおそれがあり、そうした事態を避けるためでもある（尾関、二〇〇七a、一一／二〇〇七b、一七八）。

持続可能な社会が共生の視点において語られる場合、前述のように人間―自然関係のみならず、人間―人間関係も俎上に載せられなければならないことが理解される。そしてまた、人間―自然関係と人間―人間関係において共通的に捉えられるこの共生が、同時に、各々において異なる内容を持つ概念でもあることが認識される。したがって、人間にとっての共生は、人間―人間関係に特化する形でも考察される必要がある。これは、自然に対する〈異質性〉、すなわち人間の特殊性・固有性に基づくテーマである。

5　人間相互の関係における理念としての共生

人間相互の関係における共生は、人間存在を特徴づけるさまざまな側面や次元、また出自や立場といった現実の具体的な性質や様相に関わるため、より複雑な課題として現象する。そのような状況において、人間社会で多種多様に扱われる共生の理念を、その曖昧さを免れるとともに、その積極性を打ち出す意図を持って、「聖域的共生」、「競争的共生」、「共同的共生」の三つに分類する尾関の方法は効果的である。

前近代志向の聖域的共生は、建築家の黒川紀章らの主張によって代表され、聖域を持ち出して相互の了解的コミュニケーションを否定する。近代志向の競争的共生は、法哲学者の井上達夫らの主張によって代表され、異質や異端を排除する同質化傾向を克服しつつも、異質化や個性化を推進する競争原理を内包し、共同性一般を否定する。そして、脱近代志向の共同的共生は、社会的弱者に関心を寄せる花崎皐平や川本隆史や竹内敏晴らの主張によって代表され、弱者の共同と連帯による競争主義への対抗を含みながら、弱肉強食の市場原理主義的な社会構造の打開において把握される。これは聖域的共生及び競争的共生を単純に対立させて否定するものではなく、それらの積極的な側面を止揚し契機として保存するものであり、理解可能性を追求しつつ理解不可能性の承認と尊重を重視しながら、対立的・抗争的な側面を契機として認めつつその根底に、人間性に根差す共同性を置くものである（尾関、二〇〇七a、一二一～二九／二〇〇七b、一七九～一八六／二〇〇九、五～一一）。

この共同的共生の理念に関して、共生の理念とともに「共同」の理念が大きな役割を担うことを、付け加えておかなければならない。共同には、価値や規範や目標に関して何らかの共有があることが認められる一方、共生には、それらの相違にもかかわらず共に生き、互いを生かし合うことが含まれる。そして、共同的関係が同質化へと矮小化していくことに対して、異質を尊重する共生が対抗理念となり、共生的関係が市場化によって生存闘争へ向かっていくことに対して、共同が対抗理念となる。さらに、共同の理念が全体主義的・排他主義的であり、共生の理念が個人主義的である、という非難を乗り越える上で、共同的共生の理念とともに「共生的共同」の理念の導入が論理的説得性を持つようになる（尾関、二〇〇七b、一九一～一九七／一九九五、一五〇～一五七）。

ここで、まさにこの二つの理念がそれぞれ、〈共〉を構成する共同体と公共圏の存在根拠となることにも言及しておこう。人間の本源的な〈同質性〉と〈異質性〉は対自然関係のみならず、対人間関係においても発現し、それらはそれぞれ、共同（共生的共同）の理念と共生（共同的共生）の理念として積極的に表出することになる。さらに、それらを論拠にして、〈同質性〉を特性とする人間―人間関係である共同体と、〈異質性〉を特性とする人間―人間関係である公共圏が、理念的に根拠づけられるのである。

ところで、この公共圏が〈共〉における不可欠な構成要素として把握されるのは、人間―自然関係と人間―人間関係において共生を実現する共同体を存続させ再生させ向上させるからであったことを思い起こしていただきたい。歴史が証明するように、〈私〉と〈公〉の圧力に対して共同体は脆弱であるし、また、共同体には排他性や拘束性といった問題性が伏在するため、短絡的に共同体のみに固執することは、現実的でないし理想的でもない。このような共同体に関わる困難を克服することを目的として、公共圏が脚光をあび、共同体との連携によって〈私〉と〈公〉の規模と効力を縮減し適正化することが期待されている。

確かに、こうしてみると、共同体にとって公共圏は必要な補助物であり、公共圏の力を利用することによって、共同体そのものの持続可能性が増進される。けれども、人間にとっての公共圏の存在意義は、そのように共同体にとっての単なる客体的で手段的なものだけでなく、公共圏それ自体に基づく、公共圏に固有なものでもある。公共圏の展開自体が人間にとって目的でもあることを認識する上で、重要な着想を提供してくれるのが、政治哲学者のハンナ・アーレントによる「活動」及び「公的領域」という概念である。

6　公共圏の存在根拠

アーレントによると、人間というのは、「人間が地上の生命を得た際の根本的な条件」に対応する形で、「労働（labor）」、「仕事（work）」、「活動（action）」という三つの基本的な「活動力（activity）」を現出しうる存在である。「人間の肉体の生物学的過程に対応する活動力」である労働は、「生命それ自体（life itself）」をその条件とする。また、「人間存在の非自然性に対応する活動力」である仕事は、自然物と明確に異なり生命を越えた人工的な世界、すなわち「世界性（worldliness）」をその条件とする。そして、「物あるいは事柄の介入なしに直接人々の間で行なわれる唯一の活動力」である活動は、人ではなく人々が地球に生き世界に住んでいるという事実、すなわち「複数性（plurality）」をその条件とする（アレント、一九九四、一九～二〇：Arendt, 1958, 7.）。アーレントはこの活動と、それに密接に関わる「言論（speech）」について、その条件である複数性の観点から次のように説いている。

人間の複数性、すなわち、活動と言論の両者の基本的条件は、同等と差異という二重の性格を持っている。もし人間が同等のものでなければ、……互いを理解することができないだろう。もし人間が差異あるものでなければ、……自らを理解させるために言論も活動も必要としないだろう。……存在する一切のものと共有する他者性（otherness）と、生ある一切のものと共有する差異性（distinctness）が、人間においては唯一性（uniqueness）となり、そして人間の複数性は、唯一存在の逆説的な複数性である。

言論と活動は、この唯一的な差異性を明らかにする。それらを通じて人間は、ただ単に差異あることを越える仕方で自らを差異あるものとする。すなわち言論と活動は、人間が、実際には物理的な対象としてではなく、人間という資格で相互に現われる様式なのである。（アレント、一九九四、二八六～二八七：Arendt, 1958, 175-176. 一部訳文を変更）

人間の複数性と唯一性は、人間存在において無視することのできない根源的なものである。このことを考慮すると、それらを根拠として活動と言論によって形成され展開される、公共圏の存在が重大な意義を持ってくる。この公共圏との関連においてアーレントは、「家における自然な共同体は……必要〔必然〕（necessity）から生まれ、必然〔必要〕がその中で行なわれるすべての活動力を支配していた。／ポリスの領域は、これに反して自由（freedom）の圏域であったが、この二つの圏域の間に関係があったとすれば、当然それは、家における生命の必然〔必要〕の克服がポリスの自由のための条件である、ということであった」（アレント、一九九四、五一：Arendt, 1958, 30-31. 一部訳文を変更）と述べ、古代ギリシアにおける家とポリスの対比をモデルとして、必然の「私的領域（the private realm）」と自由の「公的領域（the public realm）」を析出する。

私的領域すなわち共同体とは異なる社会領域として、公的領域すなわち公共圏を、人間は形成しうるし、そうすべきでもある。なぜならそれは、人間の自由にとって肝要なものであるからだ。彼女は、ナチズムやスターリニズムにおける全体主義の問題性の本質を「全体的テロル（total terror）」として位置づけ、それが言論の弾圧を通じて人間の複数性と唯一性を妨げ人間を抑圧するような事態を憂慮し、自由な言語的コミュニケーションや言論空間の出現の必要性を訴えたのである（アーレント、一九七四、三〇六〜三一一：Arendt, 1951, 163-166.）。

全体主義の脅威にまで及ばなくとも、〈同質性〉を特性として有する共同体が、全体性に基づく圧力や暴力の可能性を絶えず抱えていることに鑑みれば、活動と言論をもってそれに対抗するような〈異質性〉ないし唯一性＝複数性の発揮とその自由な連帯的展開、すなわち公共圏の形成が希求されよう。人間は、複数性を根拠とし言論を媒介とした活動によって公共圏を成立させ、それを通じて閉鎖性や従属性を打ち破り、各々の唯一性を発揮し自己を開示するのである。

確かに、共同体や自然に基づく必然の支配からの解放が公的領域ないし公共圏に強く結びつくために、アーレントの議論には、私的領域ないし共同体が低く序列づけられる傾向があり、しばしばその点が論難される。しかし、公共圏の人間学的意義を明らかにしようとする試みにおいては、彼女の消極面を指摘することよりも、積極面を強調することのほうが有益である。すなわち眼目は、共同体だけでなく公共圏も人間にとって必要だ、ということを改めて認識することにある。共同体を越え出た公共圏での人間相互のつながりは、共同体でのつながりとは別種の独自の存在意義を有する。

共同体も公共圏もともに、人間にとって本源的に重要な社会形態である。共同体に埋没したり公共圏へ遊離したりすることで、〈共〉のどちらかのみに人間相互の関係性が限定されることは、人間の本源的な二面性が抑制されること、ひいては、人間の本来性や可能性が制限されることに通じる。人間は、同じ種の特質を共有する一人であり、同じ文化や歴史や伝統を持つ共同体の一員であるが、同時に、他の人間とは異なる一個の人格を持つ唯一存在でもある。〈異質性〉に対するこの〈異質性〉こそが、公共圏の主体的な存在根拠である。人間は、対人間関係において〈同質性〉を基礎としつつも〈異質性〉を欲求し追求しうる生命体であり、共同体を基礎としつつも公共圏を欲求し追求しうる生命体である。

また、共同体と公共圏をそれぞれ根拠づける共同の理念と共生の理念のどちらかのみに、人間相互の関係性が制約されることにも、警戒する必要がある。というのも、そのことによって、人間の本源的な二面性に歪みがもたらされうるからである。一方を欠けば、市場的な競争意識（〈異質性〉の消極的な表れ）が、他方を欠けば、排外的な同調意識（〈同質性〉の消極的な表れ）が刺激され増長しかねない。競争意識一般や同調意識一般が問題なのではない。市場的な競争意識や排外的な同調意識が一般化・常識化し、競争や同調が慣習化・制度化され社会の原理となってしまうこと、そしてその結果、社会的弱者が生きづらくなることが問題なのである。

人間の危機というのは、人間の生存の危機に限ったことではなく、以上のように、人間の二面性の不全や消極的な発露として、人間性に深く関わるものでもある。そして、人間を人間たらしめる〈同質性〉と〈異質性〉は、〈共〉の視座において、こうした〝人間性の危機〟の回避を示唆しつつ、共同と共生の理念、さらには共生的共同と共同的共生の理念として、区別されつつ統一される。

7　人間にとっての共生の核心

人間にとっての共生に関する以上のような諸議論を経て、〈共〉の視座の内容が明確化されてきた。

〈共〉というのは、人間と自然の持続可能性を機能させるものであると同時に、人間と自然の共生を志向するものであり、生命の基盤となる契機を内包するものである。それが、〈私〉や〈公〉と明らかに異なる特徴である。そして〈共〉において、共生が基底に置かれることによって、持続可能性が積極的に方向づけられうる点も看過することができない。共生が第一義的なものとして、持続可能性が第二義的なものとして捉えられるのである。

持続可能性は、自然を客体化し手段化する傾向を保持しながら、人間と自然の健全な関係を実現しようとする概念である。持続可能な社会の構想はあくまでも、人間の欲求を充足し人間の幸福を追求するために、それを支える自然を有効に活用することを念頭に置く。人間―自然関係についてのこうした前提は、人間にとって当然でまっとうなものである。しかし自然は、資源や環境として、人間にとっての単なる客体や手段である前に、生命として主体や目的でもある。共生概念は、こうした自然の主体性や目的性に配慮することを含意する。人間は、自然の過程の一環として自然の主体性を共有しつつ、自然とは別種の主体性も有するのである。

共生の視点の導入を通じて、自然に対するこのような〈同質性〉と〈異質性〉を兼ね備えた生命体としての人間の姿が再確認され、持続可能性が共生によって補完される理由が再認識されるが、この持続可能性と共生に直結する社会結合の形態が〈共〉である。この事実に照らしてみれば、持続可能性の曖昧化や偏狭化を見極める確かな論拠が与えられよう。〈私〉のためでも〈公〉のためでもなく、〈共〉を主軸とする〈公〉〈共〉〈私〉の適切な関係によってもたらされる、人間と自然の生命とその共生のために、持続可能性は要求され追求されるのである。そのようにして、持続可能性だけでなく、効率性や公平性にも、一定の基準が据えられることになるだろう。

くわえて共生は、自然とは異質な主体性、あるいは人間の特殊性・固有性の観点から、人間―人間関係においても議論されるが、この側面での共生もまた、〈共〉において積極的に成り立つ。共生という言葉は、持続可能性以上に人間相互の関係性によって左右されやすく、また独り歩きしやすい。そのため、共生において人々は、ともすれば、現実の社会的な影響力をそのまま受容する形で、主流の〈私〉や〈公〉の威力や魅力に、あるいは、それらに対する単純な反動として共同体のみの魅力や威力に、無抵抗かつ無批判でいる。旧来の社会構造に則ったこのような共生の趨勢を等閑視することができないとすれば、共生が〈共〉的なものとして位置づけられ、〈共〉の理念によって規定されることが、新たに提案されてもよいのではないか。すなわち、共生に関するオルタナティブな観方として、〝〈共〉的共生〟が措定され、他の共生から峻別される、ということである。

出自や立場の異同を越えて共生へ向けた人々の意欲や意志、行動や行為が、近代志向の〈私〉と〈それに追従する〉〈公〉の特性である「競争性」に、また、前近代志向の共同体の特性である「聖域性」に、あるいは、〈人間相互の共生を軽視する〉自然との〈同質性〉に吸収され還元されている状況では、共生の形式化が進行するだろう。いや、それどころか、〈私〉と〈公〉の拡大・深化がますます後押しされ、環境と人間の危機は、取り返しのつかない――社会的強者の生存さえも脅かされるような――〝環境と人間の破局〟へと向かっていくかもしれない。しかしながら、共同体と公共圏からなる脱近代志向の〈共〉の拡充と、共生的共同と共同的共生の理念とともに、〈共〉的共生が活性化することで、人間にとっての共生は実質化されるはずである。

もちろん共生には、これに限らず、多様な性質のものが存在してよいし、そもそも共生概念には多様性が内蔵されている。その多様な共生を保障するためにも最小限必要になると考えられる、共生の核心のようなものとして、〈共〉的共生は想定され設定される。この共生は、人間の対自然関係における〈同質性〉及び〈異質性〉と、対人間関係における〈同質性〉及び〈異質性〉の、各々の積極的なあり方によって裏打ちされる共生である。こうした考え方を土台にして、自他ともに、より多面的により多元的に、本来性を発現し合い、可能性を発揮し合えるように、人間にとっての共生に関する理論と実践の根幹に、〈共〉的共生が布置されてよいようにも思われる。

なお、共生というのは、前述のような持続可能性の視点や〈共〉の視座などとの関連からの分析や考察にとどまらない、さらなる発展の可能性を秘めた概念装置である。なぜなら、共生は人間と現実的かつ根源的に結びついているからである。共生という関係性は、人間を知る上で欠かすことのできない現象の一つである。共生を探究することは人間存在を解明することにつながる。そして、人間存在の究明を通じてこそ、共生の内実は深められるにちがいない。

●注

1　従来型の発展ないし開発を進めれば「エコロジカル・フットプリント（Ecological Footprint：EF）」（自然に対する人間の需要量）は増大し続け、それを充足するために「生物生産力（Biocapacity：BC）」（人間の需要に対する自然の供給力）の増加を試みたとしても、いずれ地域的かつ地球的な自然の有限性によって限界を迎え、結果的に、生態系を破壊し将来世代の生存条件を崩壊させる。そして一九八〇年代後半に、世界全体のEFが地球全体のBCを超過した、と推測されている。他方で、EFやBCといった人間からの一方的で手段的な観方から離れ、各地域生態系の頂上部に位置する脊椎動物の増減によって生物多様性の状態を表す「生命の惑星指数（Living Planet Index）」（生命・生物界全体の健康度）は、すでに大きく低下していた一九七〇年から二〇〇三年までの間に、さらに約三分の一も低下している（工藤、二〇〇八）。

2 共同体論・コモンズ論や市民社会論・公共圏論にも言及した、〈公〉〈共〉〈私〉の枠組みのより包括的な説明、あるいは、農業と商工業の対比や自然中心主義と人間中心主義の対立などといった人間―自然関係の諸議論に関わる、この枠組みのより詳細な考察については、［布施、二〇一二］を参照されたい。

3 自然の循環を考慮し持続可能性に重点を置いた、人間―自然関係の側面から見た場合、厳密には、農村においてこそ共同体の実現可能性は高まるが、共同性による人格的なつながりに力点を置いた、人間―人間関係の側面から見た場合、共同体自体の形成は都市においても可能であるし現に存在する。ただし、都市の共同体では農村の共同体のようなエコロジー的な自立性や自足性はなかなか確保されないため、部分的に、農村の共同体への直接的な依存か、間接的な依存（公共圏や〈私〉や〈公〉による媒介）を通じて、自らの存立や維持が図られる。それでも都市の共同体では、公共圏で醸成される人間の解放性や唯一性＝複数性に接触する機会に恵まれ、〈共〉の豊富化への貴重な動因になるだろう。

4 一九九五年に、国の天然記念物であるアマミノクロウサギなどを「原告」とし、奄美大島の林地開発（ゴルフ場建設）の許可の取り消しを求める行政訴訟、奄美「自然の権利」訴訟が起こされ、環境問題に関わる象徴的な出来事として話題を呼んだ。例えば、こうした運動の中にも、〈私〉（開発業者）と〈公〉（開発を許可した鹿児島県）に対する〈共〉（住民の生活基盤である共同体やそれを支える生態系と、その保護を目的として生まれる人々のつながりや自由な言論空間）という構図を見出すことができる。また、同年に同所で、ゴルフ場開発の差し止めを要求し提訴された入会権訴訟が、この訴訟と緊密に連関していたことも興味深い。

ゴルフ場予定地の町有地に住民の農業水利権や入会権があることを根拠にして展開された、コモンズを守る運動であるからだ。この奄美の二つの訴訟には、アメリカ合衆国で生じてきた「自然の権利」とは内容的に異なり、単に自然だけが対象とされるのではなく、文化や歴史を含む「自然とのかかわり」が重視される独自の意義を捉えることができる（鬼頭、一九九九）。

5　本論における〈公〉〈共〉〈私〉という表記は概して、一般的な総称の意味で用いるときに使用する。それに対し、広井自身の考え方を尊重すると同時に、彼の立場からの捉え方であることを明記するために、彼の主張に関するかぎり、「公―共―私」や「公」、「共」、「私」といった表記方法を採用する。

6　持続可能性（sustainability）の基となる概念、「持続可能な発展／開発（sustainable development）」は一九八七年に、「環境と開発に関する世界委員会」によって公刊された『我ら共通の未来』*Our Common Future* において実質的に確立された。現在、多種多様に解釈されるこの概念の元々の意味は、「自身のニーズを満たす将来世代の能力を損なうことなく、現在の人々のニーズを満たす発展／開発」である。ここには、「『ニーズ』、とりわけ、最も優先されるべき世界の貧しい人々の不可欠なニーズ」と、「現在及び将来のニーズを満たす環境の能力に対して、技術と社会組織の状態によって負わされる限界」という二つの考えが含まれている（WCED, 1987, 43.）。これらは、環境保護と経済開発の調和的解決が、社会のあり方の問題と無関係になされてはならないことを示しており、そこに、人間と自然に対する共生的態度を読み取ることは難しくない。

●引用・参考文献

アーレント、H（一九七四）『全体主義の起原』〔3〕大久保和郎・大島かおり訳、みすず書房（Arendt, H.〈1951〉*The Origins of Totalitarianism*, Harcourt Brace Jovanovich.）。

アレント、H（一九九四）『人間の条件』志水速雄訳、ちくま学術文庫（Arendt, H.〈1958〉*The Human Condition*, Chicago University Press.）。

尾関周二（一九九五）『現代コミュニケーションと共生・共同』青木書店。

尾関周二（二〇〇七a）「共生理念と共生型持続社会への基本視点」矢口芳生・尾関周二編『共生社会システム学序説——持続可能な社会へのビジョン』青木書店。

尾関周二（二〇〇七b）『環境思想と人間学の革新』青木書店。

尾関周二（二〇〇九）「差別・抑圧のない共同性へ向けて——共生型共同社会の構築と連関して」藤谷秀・尾関周二・大屋定晴編『共生と共同、連帯の未来——21世紀に託された思想』青木書店。

環境と開発に関する世界委員会（一九八七）『地球の未来を守るために』大来佐武郎監修、福武書店（World Commission on Environment and Development〈1987〉*Our Common Future*, Oxford University Press.）。

鬼頭秀一（一九九九）「アマミノクロウサギの『権利』という逆説——守られるべき『自然』とは何だろうか」鬼頭秀一編『環境の豊かさをもとめて——理念と運動』昭和堂。

工藤秀明（二〇〇八）「エコロジー経済学の新しい展開に向けて」広井良典編『「環境と福祉」の統合——持続可能な福祉社会の実現へ向けて』有斐閣。

広井良典（二〇〇八）「『環境と福祉』の統合——『持続可能な福祉社会』への視座」広井良典編『「環境と福祉」の統合——持続可能な福祉社会の実現へ向けて』有斐閣。

広井良典（二〇〇九a）『グローバル定常型社会——地球社会の理論のために』岩波書店。

広井良典（二〇〇九b）『コミュニティを問いなおす——つながり・都市・日本社会の未来』ちくま新書。

広井良典（二〇一〇）「『持続可能な福祉社会』と『公共研究』」広井良典・小林正弥編『コミュニティ——公共性・コモンズ・コミュニタリアニズム』勁草書房。

布施元（二〇一二）「環境哲学における〈共〉の現代的視座——人間と自然の関係についての新たな社会哲学的構想」尾関周二・武田一博編『環境哲学のラディカリズム——3・11をうけとめ脱近代へ向けて』学文社。

古沢広祐（一九九五）『地球文明ビジョン——「環境」が語る脱成長社会』日本放送出版協会。

あとがき

ここ一〇数年あまり、環境分野では〝持続可能（サステイナビリティ）〟がキーワードとなり、環境学はさしずめ、学際的に〝持続可能な社会〟をめざす〝持続可能性（サステイナビリティ）の学〟という様相を帯びつつあるようにも見える。そのような中で〝環境哲学〟の役割、換言すれば学際分野としての〝環境学〟における「哲学・思想」の役割が、改めて問われていると言えるだろう。

一般的に環境学という場合、連想されるのは〈理系主導の学際分野〉であり、近年では〝持続可能性（サステイナビリティ）の学〟の影響もあって、〈自然科学や工学分野が核となり政策科学がそこに融合する〉といった印象が広く共有されているように思える。そうすると〝学際〟とは言いつつも、「哲学・思想」がそこにどのような形で貢献するのかということはますます不鮮明になるだろう。まえがきでもふれたように、研究アプローチとして「哲学・思想」を見た場合、確かにそこには「抽象化」、「俯瞰性」、「本質論」、「概念・理論形成」といった〝強み〟が指摘できる。とはいえここでは本書のテーマである〝人間学〟に関連づけながら、やや別の角度から、その手掛りとなる一つのエピソードについて取り上げてみたい。

前述のように環境学では今日、〝持続可能な社会〟をキーワードにさまざまな議論が持ち上がっている。ここで注目してみたいのは、そこでの議論の文脈を見てみると、そのかなりの部分が資源やエネルギー――近年では防災やレジリエンスも含む――を中心としたものであり、それはある面では〝持続可能〟を合い言葉に「いかに優れた〝社会システム〟を設計するのか」という隠れた前提をしばしば共有しているということである。これはインフラの整備や制度設計を行う側から見ると、確かにごく自然に出てくる発想であろうし、そこから多くの優れた成果が実際に実を結んできたことは筆者ももちろん知っている。

以前、知り合いでこのように話してくださった方がいた。「持続可能な社会とは、すべての人間が何も意識的に負担をすることなく、普通に行動することがそれ自体で持続可能な状態になるような社会ではないか」――この説明は、確かに一理あると思われる。なぜなら〝環境問題〟という言葉一つにしても、それは意識しなければならない〝問題〟が実際に存在するから用いられるのであり、意識が必要になるのは人々が〝普通に行動する〟だけでは〝問題〟が発生してしまうからである。したがって逆に〝普通に行動する〟ことが自ずと〝持続可能〟になっていれば、当然意識して〝持続可能〟を問題とする必要もなくなる。それはある面では究極の〝問題解決〟なのである。

しかしここで考えてみてほしい。現代社会でこうした形の〝問題解決〟がなされるためには、人々の行動が自ずと持続可能な状態に導かれる〝社会システム〟――〝持続可能〟という機能を備えた高性能な〝社会システム〟――を、誰かが設計する以外に方法はない。そしてわれわれも知らず知らずのうちに、そうした〝より優れた社会システム〟を議論の前提とすることに違和感を持たなくなってきているのではないか、と言うことである。

確かにその「持続可能な社会」においては、人々は自らの生活が〝持続可能〟なものかどうかに頭を悩ませる必要はないかもしれない。〝省エネ〟にあれこれ目くじらを立てたり、何かを購入するたびに地球の裏側にまで思いを馳せたりする必要はもはやないだろう。しかしあらゆる人々が何も意識することなく、すべての物事が彼らの背後で自動的に完結していく〝完璧な世界〟とは、果たして何なのだろうか。そこにあるのはまさに〝完璧な社会システム〟の姿であり、ある面ではこれこそが、人間を置き去りにしながら膨張してきた、現代社会の姿そのものではないだろうか。それを今以上に拡張し、その果ての先へ到達したとき、そこで果たして人間は、本当に人間としていられるのだろうか――？

これは「持続可能な社会」を〝より優れた社会システム〟として求める限りつきまとう、重大な逆説であろう。そしてこの逆説にこそ、「哲学・思想」の役割を改めて照射する手掛りがあるのではないだろうか。一連の発想に含まれている弱点は、インフラや制度に焦点をあてることによって、逆に人間をそれらの要素や〝ユーザー〟という形でしか捉えられないところにある。これに対して「哲学・思想」が描き出そうとしてきた人間は、生物学的基盤を備えながら社会的存在して具現化し、〝意味の連関〟の中で生を営み、そしてさまざまな経緯を経て現代という時代に到達した歴史的存在、そうした意味で〝社会システム〟の内側にいる等身大の〝人間存在〟というものである。こうした〝人間存在〟を射程に収めたとき、われわれは初めて先の逆説が含んでいた意味について理解できるようになるのではないか。そしてこうした問いを投げかけることができるのは、おそらく「哲学・思想」だけであろう。「持続可能な社会」への移行を目標にさまざまな学問分野からの努力がある中で、「哲学・思想」の果たすべき役割とは、こうして〝人間存在〟というものを浮き彫りにしながら、われわれのたどった歴史を踏まえ、われわれ自身のあるべき姿を問題にしていくということになるだろう。そしてもう一つ、ここで強調しておきたいのは「新たな〝意味〟を創造し、それを社会に蓄積していく」ということ自体に、一つの「哲学・思想」の本質的な役割があるということである。

時代は常に変容するが、人間はもともと〝意味の連関〟の中においてしか生きられない。例えば〝持続可能性〟が問われる現代とは、まさに既存の〝意味の体系〟が揺らいでいる時代でもある。そうした〝意味〟が揺らいだ時代において、人々に力を与えるのは新しい時代のための〝手掛り〟、つまり社会の備える〝意味の豊かさ〟である。新たな〝意味〟を創造すること――すなわち〝人間存在〟というものを射程に加えた、時代に対する新しい解釈、新しい概念、そして世界を捉える新しい枠組み、それらをさまざまな〝思考実験〟という形で世に提示していくこと――これこそが「哲学・思想」という営為に含まれる一つの根源的な要素なのではないかと思われるのである。

＊

本書の「環境哲学と人間学の架橋」という構想は、二〇一二年に『環境哲学のラディカリズム』（尾関周二・武田一博編、学文社）が出版された直後から持ち上がり、その後一年半をかけてさまざまな紆余曲折を経ながら、ようやく出版されることになった。ここに至るにあたって、その中でもさまざまな細かい要求にも親身になって答えようとしてくださった世織書房の伊藤晶宣さん、菅井真咲さん、また本企画を進める上で力を貸してくださった皆さんには、執筆者一同、この場を借りて改めて感謝を申し上げたい。

〈上柿崇英〉

二〇一四年一二月二四日

※本書の刊行にあたって、大阪府立大学大学院人間社会学研究科からの出版助成を受けている。

編・著者紹介

尾関周二（おぜき・しゅうじ）編者・第1章担当。
一九四七年生。東京農工大学名誉教授。著書に『環境思想と人間学の革新』（青木書店、二〇〇七年）、『言語的コミュニケーションと労働の弁証法』（大月書店、二〇〇二年）などがある。

上柿崇英（うえがき・たかひで）編者・第2章、第7章担当。
一九八〇年生。大阪府立大学准教授。論文に「三つの〝持続不可能性〟――『サステイナビリティ学』の検討と『持続可能性』概念を掘り下げるための不可欠な契機について」（竹村牧男・中川光弘編『サステイナビリティとエコ・フィロソフィ――西洋と東洋の対話から』ノンブル社、二〇一〇年）などがある。

穴見愼一（あなみ・しんいち）第3章担当。
一九六七年生。立教大学非常勤講師。論文に「『人間の自然さ』と〈農〉――近代が喪失せり農業労働の意味」（『〈農〉と共生の思想』農林統計出版、二〇一一年）、「人間と自然の共生の意味を問う――『自然―作為』と『物象化』の議論を軸に」（尾関周二・武田一博編『環境哲学のラディカリズム』学文社、二〇一二年）などがある。

浦田（東方）沙由理（うらた・さゆり）第6章担当。
一九八四年生。立教女学院短期大学非常勤講師。論文に「根こぎと共感――資本主義批判と脱近代の視点から」（尾関周二・武田一博編『環境哲学のラディカリズム』学文社、二〇一二年）、「エコ・フェミニズムにおける「生命中心」の検討」（環境思想・教育研究会編『環境思想・教育研究』第六号、二〇一三年）などがある。

大倉　茂（おおくら・しげる）第4章担当。
一九八二年生。東京農工大学・茨城大学・前橋高等看護学院非常勤講師、立教大学兼任講師。論文に「エコロジー的主体とエコロジー的社会の探究」（尾関周二・武田一博編『環境哲学のラディカリズム』学文社、二〇一二年）、「倫理的存在としての人間の社会的基盤――倫理的にふるまうために」（総合人間学会編『総合人間学』第八号、総合人間学会、二〇一四年）などがある。

関　陽子（せき・ようこ）第8章担当。
一九七九年生。芝浦工業大学・立教女学院短期大学非常勤講師、東洋大学国際哲学研究センター所属。論文に「順応的管理モデルにおける生態学的基盤の課題――南方熊楠の思想をてがかりに」（『国際哲学研究』東洋大学国際哲学研究センター、第三号、二〇一四年）、「C・ダーウィンの自然観――『種の起源』における「闘争」と分岐の原理から」（『「エコ・フィロソフィ」研究』東洋大学「エコ・フィロソフィ」学際研究イニシアティブ、第六号、二〇一二年）などがある。

福井朗子（ふくい・あきこ）第9章担当。
一九七七年生。東京家政大学・山梨大学・創価大学非常勤講師。論文に「日本人の自然観――神道の自然観と仏教の自然観」（東洋哲学研究所編『地球環境と仏教　大乗仏教の挑戦3』東洋哲学研究所、二〇〇八年）、「日本の近代化と〈農〉の思想――共生持続社会へ向けて」（『〈農〉と共生の思想』農林統計出版、二〇一三年）などがある。

布施　元（ふせ・もとい）第10章担当。
一九八一年生。東京家政大学非常勤講師。論文に「現代社会の〈共〉に関する人間学的考察――〈共〉の構想性と倫理性に触れて」（総合人間学会編『総合人間学』第八号・電子ジャーナル版、二〇一四年）、「環境哲学における〈共〉の現代的視座――人間と自然の関係についての新たな社会哲学的構想」（尾関周二・武田一博編『環境哲学のラディカリズム』学文社、二〇一二年）などがある。

吉田健彦（よしだ・たけひこ）第5章担当。
一九七三年生。東京家政大学非常勤講師。論文に「情報思想からみた地球環境問題への応答責任――コミュニケーション、苦痛、そして他者性の視点から」（尾関周二・武田一博編『環境哲学のラディカリズム』学文社、二〇一二年）、「環境化する現代情報技術と現実の変容――現実／仮想の二元論的情報観を超えて」（総合人間学会編『総合人間学』第八号、総合人間学会、二〇一四年）などがある。

環境哲学と人間学の架橋
——現代社会における人間の解明

2015年3月30日　第1刷発行©

編　者	上柿崇英・尾関周二
カバー写真	吉田健彦
カバー装画	佐々木由有
装　幀	M.冠着
発行者	伊藤晶宣
発行所	（株）世織書房
印刷所	（株）ダイトー
製本所	（株）ダイトー

〒220-0042　神奈川県横浜市西区戸部町7丁目240番地　文教堂ビル
電話 045（317）3176　振替 00250-2-18694

落丁本・乱丁本はお取替いたします　Printed in Japan

ISBN 978-4-902163-78-0

教育システムと社会●その理論的検討
広田照幸、宮島晃夫編
3600円

意味が躍動する生とは何か●遊ぶ子どもの人間学
矢野智司
1500円

共生社会への教育学●自律・異文化葛藤・共生
岡田敬司
2400円

新修辞学●反〈哲学的〉考察
菅野盾樹
3600円

息の人間学
齋藤　孝
2600円

プラグマティズムと哲学の実践
リチャード・シュスターマン／樋口聡、青木孝夫、丸山恭司訳
4000円

〈価格は税別〉

世織書房